JN121332

みんなでチェック！

危険な建設現場のイラスト事例集

労働新聞社

はじめに

「みんなでチェック！危険な建設現場のイラスト事例集」は、建設現場における危険感受性を高めるための、イラストを用いたケーススタディ集です。

建設現場に内在する危険は、自らを危険だと主張することなく、ひっそりと各所に身をひそめています。そのような危険を危険と感じ取ることができなければ、それはふとしたきっかけで災害や事故につながりかねません。

しかし、日々危険を察知する力を磨き、対策を講じていけば、少しずつでも災害や事故の減少は望めます。

本書はその危険感受性向上のための、現実における危険なケースを想定した事例集となっております。収載されているのは、建設現場の様々な作業場面を題材とした36事例です。

一般社団法人日本労働安全衛生コンサルタント会東京支部のメンバーの方にご監修いただいた、弊社定期刊行物「安全スタッフ」の連載「どこに危険が？何が不安全？」および「どんな災害が起こる？」掲載回のうち、主に建設業における事例を扱った回をまとめました。

なお、各事例はチェック用イラストとその解説が1セットになった形で収載されております。チェック用イラストページは複数人または一人でそこに潜む危険ポイントを探す際に、解説ページは危険ポイントとその対策についての一例をご参照いただく際に活用していただければ幸いです。

本書が建設業に携わる皆様方の安全に貢献することを願っております。

2020年2月

労働新聞社

目次

機械

内装工事

衛生

その他

○本書の見方

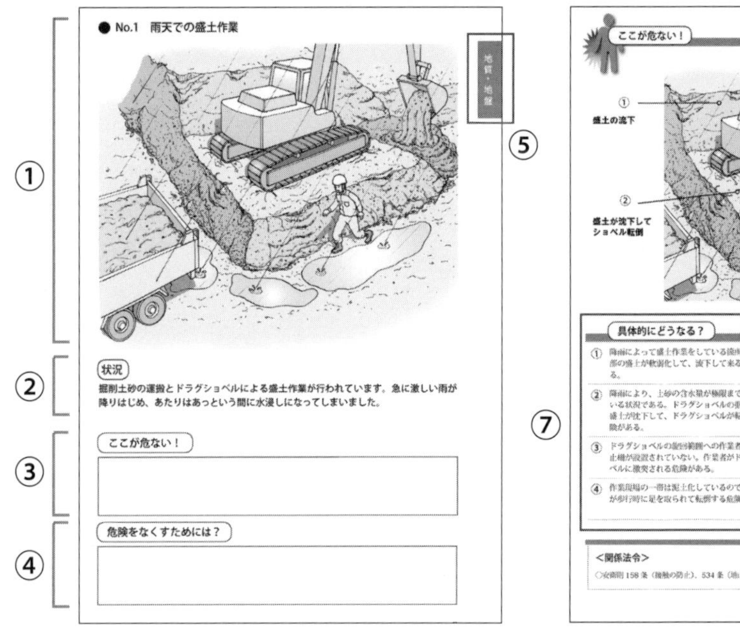

① 題材となる作業場面です。イラスト内には様々な危険が潜んでいます。

② 作業場面が具体的にどんな状況なのかを説明しています。

③ イラストを見て、危険なポイントはどこか考えて書き出してみましょう。

④ 危険ポイントを発見したら、それをなくすためには何をすればいいか、対策を考えて書き出してみましょう。

⑤ 分類名を表示しています。関心のある項目を探す際、ご参照ください。

⑥ 危険ポイントがどこかを端的に示しています。詳しくは「具体的にどうなる？」をご確認ください。

⑦ 「ここが危ない」で述べた危険ポイントについて、より具体的に説明しています。

⑧ 危険をなくすための対策について具体的に説明しています。

⑨ 解説内容に関係している法令や参考として知っておきたい情報などについて記載しております。

※制作上の都合により、本書に掲載されているイラストは、その細部が実際の作業場面に比べ簡略化されている場合がございます。ご了承ください。

○法令略称

略称		正式名称	略称		正式名称
安衛法	⇒	労働安全衛生法	酸欠則	⇒	酸素欠乏症等防止規則
安衛令	⇒	労働安全衛生法施行令	石綿則	⇒	石綿障害予防規則
安衛則	⇒	労働安全衛生規則	粉じん則	⇒	粉じん障害防止規則
道交法	⇒	道路交通法	事務所則	⇒	事務所衛生基準規則
有機則	⇒	有機溶剤中毒予防規則	クレーン則	⇒	クレーン等安全規則

● No. 1　雨天での盛土作業

状況

掘削土砂の運搬とドラグショベルによる盛土作業が行われています。急に激しい雨が降りはじめ、あたりはあっという間に水浸しになってしまいました。

ここが危ない！

危険をなくすためには？

ここが危ない！

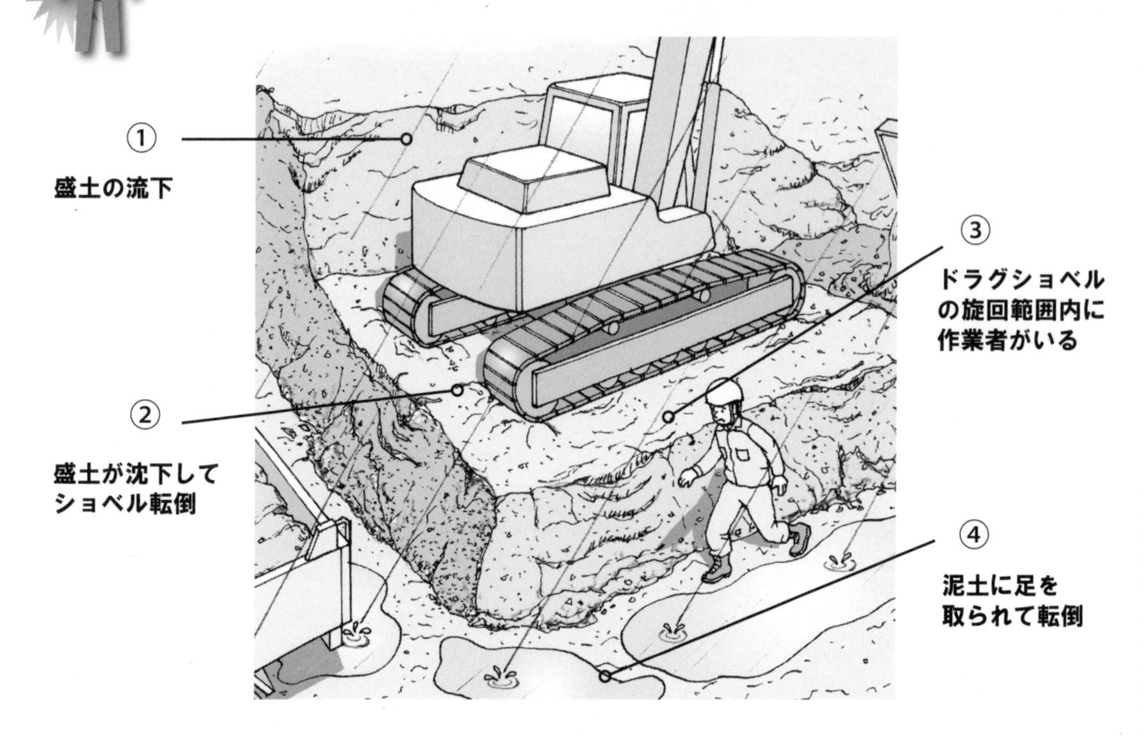

具体的にどうなる？	危険をなくすためには？
① 降雨によって盛土作業をしている箇所の斜面上部の盛土が軟弱化して、流下して来る危険がある。 ② 降雨により、土砂の含水量が極限まで増加している状況である。ドラグショベルの据付地盤の盛土が沈下して、ドラグショベルが転倒する危険がある。	○降雨中は、土砂運搬や盛土作業は実施せずに、作業場所の排水作業を最優先で実施する。作業全体の監督指揮者を配置する。
③ ドラグショベルの旋回範囲への作業者の立入禁止柵が設置されていない。作業者がドラグショベルに激突される危険がある。	○ドラグショベルなど重機の旋回範囲には立入禁止柵を設置して、作業者が立ち入らないようにする。
④ 作業現場の一帯は泥土化しているので、作業者が歩行時に足を取られて転倒する危険がある。	○作業者は、水溜まりの泥土上を歩く際に転倒しないよう、滑り止め付きの防水長靴を着用する。

＜関係法令＞

○安衛則 158 条（接触の防止）、534 条（地山の崩壊等による危険の防止）

● No. 2　法面に落石防護の防網を張る作業

状況

法面に落石防護の防網を張っています。要求性能墜落制止用器具は装着していませんが、法面の傾斜は緩く、高さは２m以上ですが、作業者本人は特に危険を感じていないようです。

ここが危ない！

危険をなくすためには？

ここが危ない！

①
凹凸ある地面で足を滑らせて墜落

②
要求性能墜落制止用器具がない

具体的にどうなる？	危険をなくすためには？
① 作業場所が不安定なのに作業床・手摺などが設置されていないので、作業者が墜落する。	○高さが2m以上の高所で墜落の危険がある場所で作業をする時には、足場を組むなど作業床を設ける必要がある。
② 作業者は要求性能墜落制止用器具を装着していない。要求性能墜落制止用器具取付け設備もなく、フックを掛けて、墜落防止を確保することができない。	○高所で作業床を設けることが難しい場合には、作業者には墜落時に身体にかかる負担が少ないフルハーネス型の要求性能墜落制止用器具を使用させる。 ○滑り防止安全靴を着用させる。 ○この種の作業において事業者は事前に現地調査して、墜落防止策などについて、施工計画書・作業手順書を作成して、作業者に周知・教育する。 ○事業者および作業者等この作業の関係者全員によるリスクアセスメント (RA) を実施して、RA を取り入れた危険予知活動を実施する。

<関係法令>

○安衛則 519 条、520 条、521 条（要求性能墜落制止用器具等の取付設備等）

○墜落制止用器具の安全な使用に関するガイドライン

・フルハーネス型の使用を原則とし、胴ベルト型は目安として 5m 以下で使用可能（一般的な建設作業の場合）。

・要求性能墜落制止用器具のうちフルハーネス型のものを用いて行う作業に係る業務に労働者を就かせるときは、当該労働者に対し、あらかじめ、学科及び実技による特別の教育を所定の時間以上行うこと。

出典：「墜落制止用器具の安全な使用に関するガイドライン」周知用リーフレット

● No. 3　ガス管の交換工事

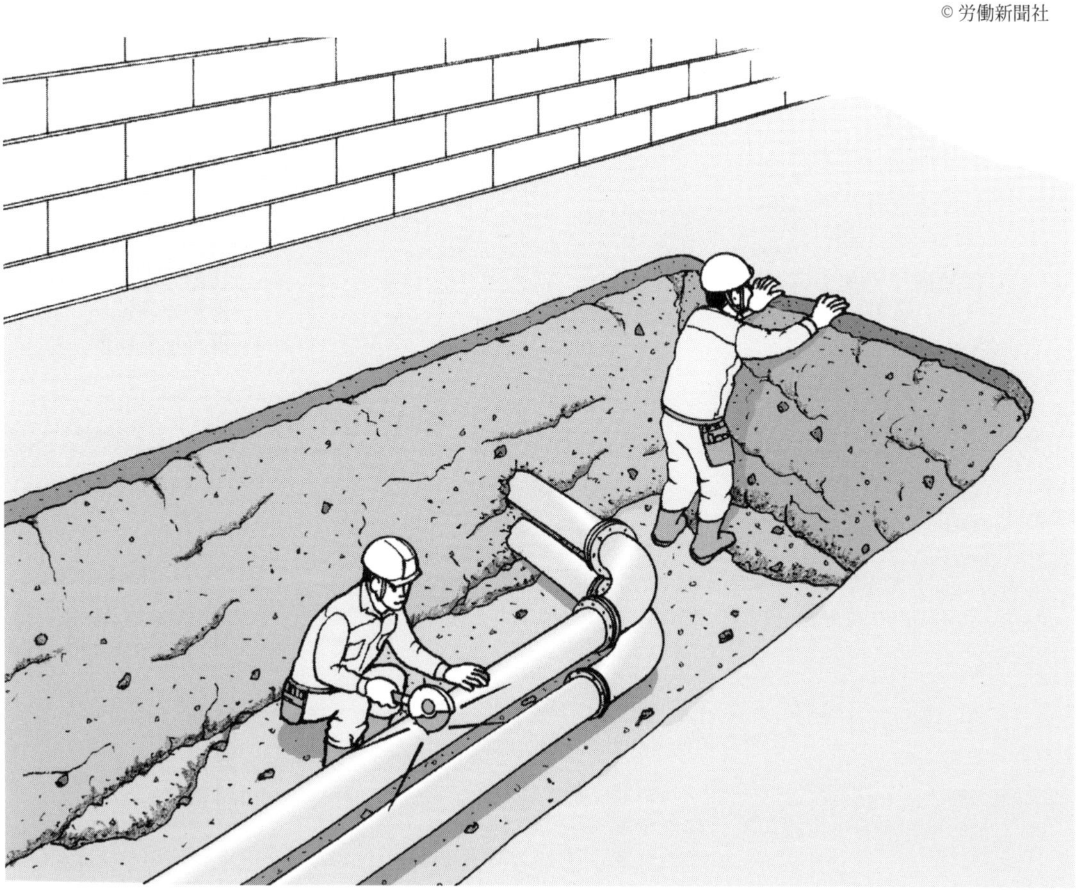

状況

埋設されたガス管の一部を交換するため、地面を掘削し、電動カッターでガス管を切断しています。ガスが止まっていることは確認済みです。

ここが危ない！

危険をなくすためには？

ここが危ない！

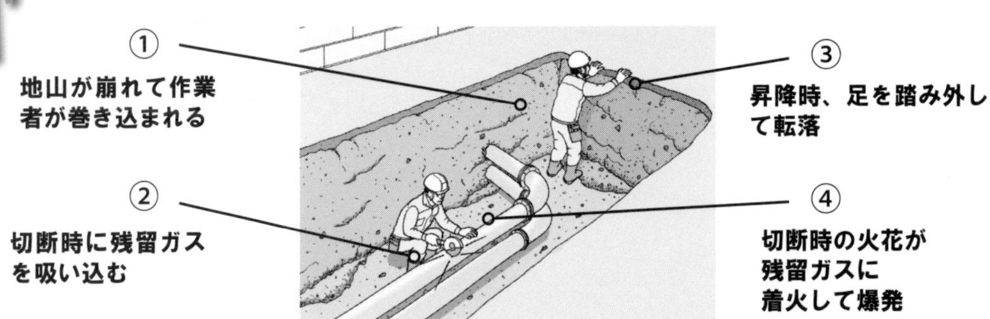

	具体的にどうなる？		危険をなくすためには？
①	ガス管掘削箇所に土止め支保工が設置されていない。 地山が崩れて作業者に危険が及ぶ可能性がある。	➡	○事業者は明かり掘削を行う時、地山の崩壊や土石の落下による危険のある時は、掘削した箇所に土止め支保工を設けるなどして、掘削面の崩壊を防ぐ。 ○「土止め支保工の切りばりまたは腹起こしの取付けまたは取り外し」「掘削面の高さが2ｍ以上となる地山の掘削」を行わせる時は、「地山の掘削及び土止め支保工作業主任者技能講習」を修了した者から地山の掘削作業主任者を選任しなければならない。 ○土止め支保工を組み立てる時は、あらかじめ組み立て図を作成し、それにより組み立てなければならない。
②	残置管内の残留ガスの有無の検知測定を実施していない。 ガス管の切断時に、残留ガスを吸い込むおそれがある。	➡	○ガス管内に残留ガスが残っていないか、あらかじめ検知器を使って測定をする。 ○作業区域のガス配管や締め切りバルブの配置図と現場の照合確認をする。 ○作業前の調査をしっかりと行い、施工計画書や安全な作業手順書を作成し、あらかじめ関係者に周知教育をしておく。
③	掘削箇所への昇降設備が設置されていない。足を踏み外して転落してしまうと大きなケガにつながる。	➡	○掘削の深さが 1.5m を超える箇所で作業を行う時は、労働者が安全に昇降するための設備等を設けなければならない。
④	ガス管切断時の火花などが残留ガスに着火して、ガス爆発を生ずる危険がある。	➡	○可燃性ガスが存在する場所では、電気機械器具は危険性の度合いに応じた防爆構造の物を使用する必要がある。

＜関係法令＞

○安衛則　第２編　第４章（爆発、火災等の防止）、第６章（掘削作業等における危険の防止）

○安衛則 280 条（爆発の危険のある場所で使用する電気機械器具）、285 条（油類等の存在する配管又は容器の溶接等）、322 条（地下作業場等）、359 条（地山の掘削作業主任者の選任）、361 条（地山の崩壊等による危険の防止）、362 条（埋設物等による危険の防止）、370 条（組立図）、374 条（土止め支保工作業主任者の選任）、526 条（昇降するための設備の設置等）など

＜参考＞

○「明かり掘削（あかりくっさく）」とは、土木の専門用語で、露天の状態で掘る掘削作業である。照明を必要としない明るい状態で行う掘削工事で、道路の地下に埋設したガス管などの工事であるが、同じところで夜間に行う場合でも「明かり掘削」という。

● No. 4　道路の掘削工事

状況

古くなった水道管を交換するための道路掘削工事です。ドラグショベルでワイヤーつりし、水道管を地面に降ろそうとしています。

ここが危ない！

危険をなくすためには？

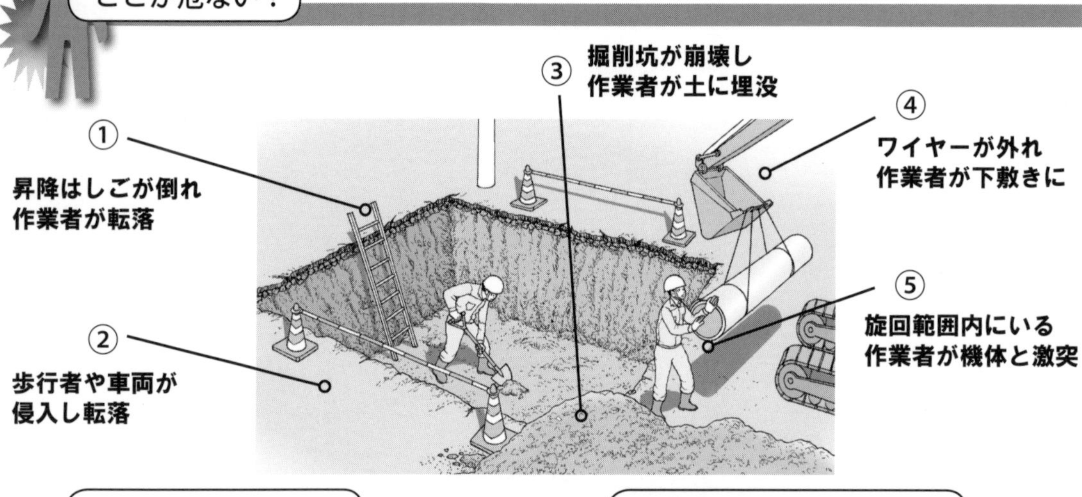

	具体的にどうなる？		危険をなくすためには？
①	道路面から、掘削底への昇降梯子が昇降中に倒れて作業者が転落負傷する。	➡	○坑底への昇降梯子は、囲柵・土止め支保工などに固縛する。
②	作業箇所に道路使用許可届済の標識がなく、許可条件としての通行者、通行車両への見張誘導者・防護施設・標識類が配置されていないため、歩行者や車両が侵入し転落する。	➡	○許可届を実施し、許可条件を順守して、見張・合図・誘導者などを配置して施工に臨む。 ・手元作業者は、安全靴・革手袋を着用する。 ・掘削機の運転者に対する合図誘導者を配置する。 ・事業者は、掘削作業主任者を選任配置し、掘削箇所近接の架線・地下埋設物などを事前調査し、「施工計画書・作業手順書」を作成して、周知・順守して施工する。
③	掘削土が掘削坑の周辺肩部に置かれている。 掘削坑肩部・壁が崩壊して作業者が埋没する。	➡	○掘削する前に、掘削深さに対応した土止め支保工法の施工計画・設置手順を検討し、部材を準備し支保工を施工する。
④	新設の水道管を掘削機のバケット歯にワイヤー掛けでつっている。 つりワイヤーが歯から外れて、作業者が管の下敷きになる。	➡	○建設機械を主たる用途以外に使用してはならない。 ○水道管・土止工部材のつり荷作業には、クレーンまたはクレーン機能付き掘削機を使用するほうが安全性が高い。
⑤	掘削機の旋回時に、作業者が機体の旋回部分に激突される。	➡	○掘削機の作動時は、手元作業者は、機械躯体の旋回範囲外へ退避する。

<その他重要事項>

○作業中に予想される危険や不安全行動、不安全状態の背景にあるもの
・作業者は保安帽のあごひもを締めているが、ゴム長靴を履いているため、掘削土石や支保工材・管類の落下物で、足の甲などを損傷する。
・高圧電力架線に掘削機が接触し、感電する。
・地下埋設のガス・電気・水道配管などの試掘を実施していないと、ガス、または水道管などを破損させ、噴出・引火爆発する危険性がある。

<関係法令>

○安衛則 164 条（主たる用途以外の使用の制限）、
同条２項……前項の適用除外要件を満たした装備（バケットへのフック、シャックル取付工法）に準じた作業

● No. 5　道路の舗装工事

状況

アスファルト道路の舗装工事をしています。ショベルで舗装をはがし、がらをダンプへ積み込んでいます。

ここが危ない！

危険をなくすためには？

具体的にどうなる？	危険をなくすためには？
① 施工範囲の表示は植栽の端部で終わっていて、第三者が施工範囲内へ容易に入ることができる。 また、飛散する「がら」が散歩中の歩行者や犬を負傷させるおそれもある。	○施工範囲は「工事関係者以外立入禁止」、「歩行者通路」などの標識で見える化を進める。 ・第三者が施工範囲内に容易に立ち入らないよう、切れ目ないバリケードを設置する。
② ショベルの後方にいる作業者Cはショベルの運転者（作業者B）から十分視認できていない。交通誘導員はショベルをすぐに停止させるべきである。 「アスコンがら」の上に後退するショベルが乗り上げると、「アスコンがら」が飛散し作業者などを傷つけるおそれがある。	○ショベルのバック走行時には交通誘導員を配置し、危険な状況であればショベルの走行を停止させる。ショベルは、バック走行に際しては、警笛、点滅赤色灯などを使用する。
③ アスコン（アスファルトと砂利などの骨材を混ぜて固めた物）面のはがしや、発生材（アスコンがらなど）のダンプへの積込み作業は、発生材が跳ねて、近くにいる作業者または通行人に危害を与える危険性がある。	○アスコンの解体・積込み作業時においては、「アスコンがら」の跳ねによる事故を防止するため、歩道の側面のシート張り、反対車線の一時通行止めなどの方策を講じる。
④ ドラグショベル（掘削機械、以下ショベルという）とダンプトラック（以下、ダンプという）との間の狭い空間が作業者A用動線になっている。 ショベルやダンプが通路の両側を頻繁に移動、あるいは旋回しており、ショベルが作業者に接触する危険がある。	○ショベルとダンプの周囲は、バリケードなどで区画し、区画の間を通路として使わない。

● No. 6　建物の解体工事

状況

鉄筋コンクリート造の建物の解体工事の様子です。つかみ機を取り付けた重機で壁を壊しています。重機の脇では、別の作業者が発じんを抑えるための散水をしています。地盤は緩く軟弱です。

ここが危ない！

危険をなくすためには？

ここが危ない！

具体的にどうなる？	危険をなくすためには？
① 解体用重機の運転席上に、ヘッドガードが装備されていないため、コンクリート片などが落下した際に運転席に当たる。	○重機にヘッドガード、運転席にフロントガードを装備して作業する。
② 運転席の脇に立っている作業者にもコンクリート片などが当たる。 ③ 重機に密接して散水している作業者に、旋回体（カウンターウエイト）が激突する。	○運転席や重機の旋回範囲内に作業者が立ち入らないよう、立入禁止措置を講じる。 ・運転者との打合せなどのために、旋回範囲内へ立ち入る必要がある場合には、「グーパー合図運動」を実施して、重機の運転中止を確認してから接近する。
④ つかみ機で持ち上げたコンクリート壁片や柱材が、作業者の頭上へ落下・転倒してくる。	○つかみ機などを操作する時は、手元作業者は重機の旋回作業範囲外へ退避する。 ・ガス・水道管引込管などは、事前に位置を確認して、元栓（責任分界点）で、確実に遮断してから、作業を開始する。解体作業時は、ガス溶断器などの火気使用を禁止する。 ・解体工事業者は、工事着工前に、解体物中の石綿などの含有物の有無を調査し、環境へのばく露の程度（レベル）に対応した飛散防止対策（除去・囲い込み・封じ込め工法など）・計画を作成し、所轄機関に届け出て、対策を遵守し施工する。 ・解体建物近隣の住民への環境汚染防止対策の内容を説明周知する。
⑤ 作業者は、安全靴や革手袋を着用していないので、ガラス片などで負傷する。	○全作業者は、防護服、マスク、メガネ、安全靴、革手袋などを着用する。
⑥ 軟弱な地盤上に積み重ねられた不安定な瓦礫上にキャタピラで乗り上げているので、重機が傾倒・転倒する。	○軟弱地盤上には、敷鉄板などで補強して重機の安定据え付けを確保する。

● No. 7　組立て中の鉄骨の上でのガス溶接作業

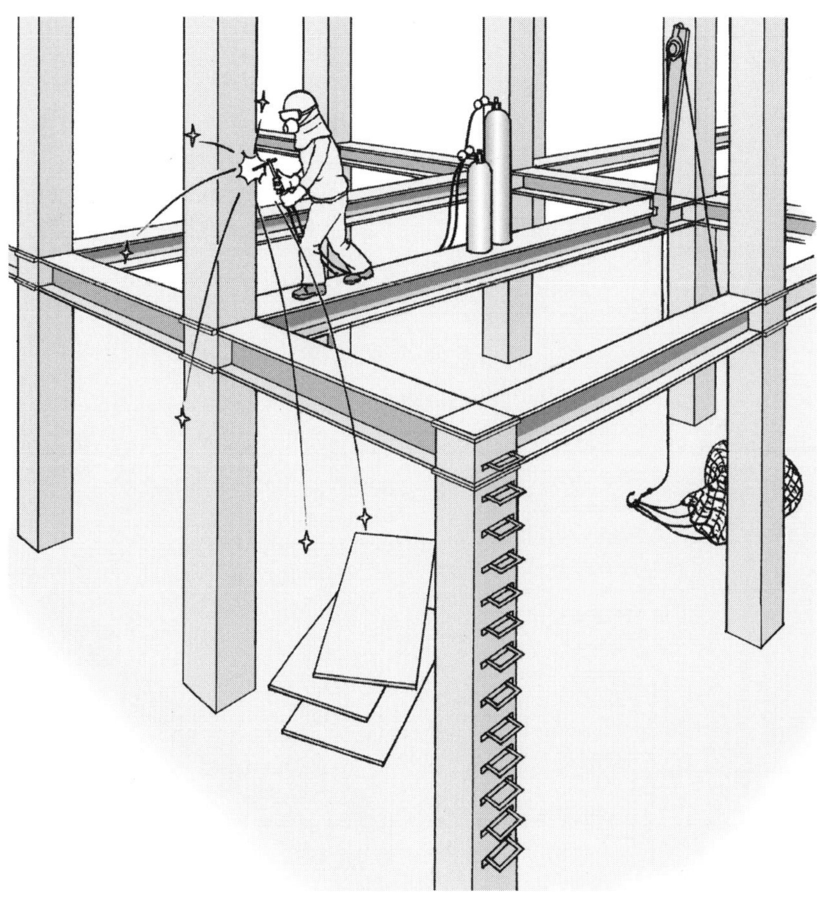

状況

組立て中の鉄骨の上で、ガス溶接作業をしています。要求性能墜落制止用器具は作業の邪魔になってしまうためどこにも引っ掛けていません。下の階にはウレタンの材料が放置されています。

ここが危ない！

危険をなくすためには？

ここが危ない！

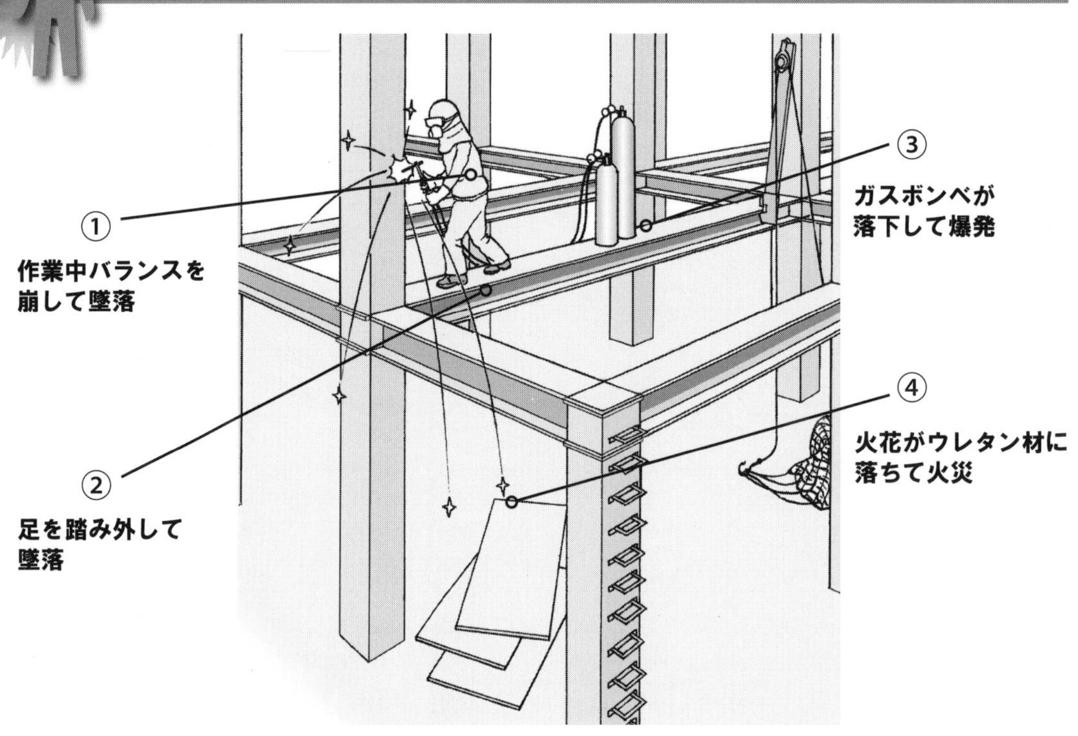

具体的にどうなる？	危険をなくすためには？
① 要求性能墜落制止用器具のフックを掛けて墜落防止措置をしていないため、バランスを崩した時地上まで落ちてしまう。 ② 作業床・手すりなどが設置されていない高所の鉄骨梁材上から、足を踏み外して墜落する。	○鉄骨上に幅 40cm 以上の作業床を設置する。作業床端部には高さ 90cm 以上の手すりを設置し、要求性能墜落制止用器具フックの取付け設備とする。 ○鉄骨の間には、落下物防止用ネットを設置する。 ○作業者は、あごひもを締めて保護帽を着用し、手持ちの工具・トーチ・保護面などを落下させないように、腰にひもで結束しておく。 ○強風大雪などの悪天候時は、高所での作業を中止する。
③ 鉄骨上に置かれているガスボンベが、地上に落下して爆発する。	○組立鉄骨の外周には、枠組式の囲柵・昇降階段を設け、メッシュシート・または、防炎シート張とする。 ○鉄骨梁上にガスボンベ置き場床と囲柵を設置する。鉄骨組立作業の下部には、立ち入り防止措置をする。
④ ガス溶接による火花が下方のウレタン材の上に落下して火災となる。また、有毒ガスも発生する。 	○下方に仮置きしているウレタンマット上には、防炎シートを設置する。ウレタンマットを片付けることが望ましい。

<関係法令>

○安衛法 30 条（特定元方事業者等の講ずべき措置）、59 条（安全衛生教育）、
○安衛則 279 条（危険物等がある場所における火気等の使用禁止）、518 条（作業床の設置等）、519 条、520 条、521 条（要求性能墜落制止用器具等の取付設備等）、522 条（悪天候時の作業禁止）、526 条（昇降するための設備の設置等）

● No. 8　建屋屋上部分に移動式クレーンで材料を持ち上げる作業 1

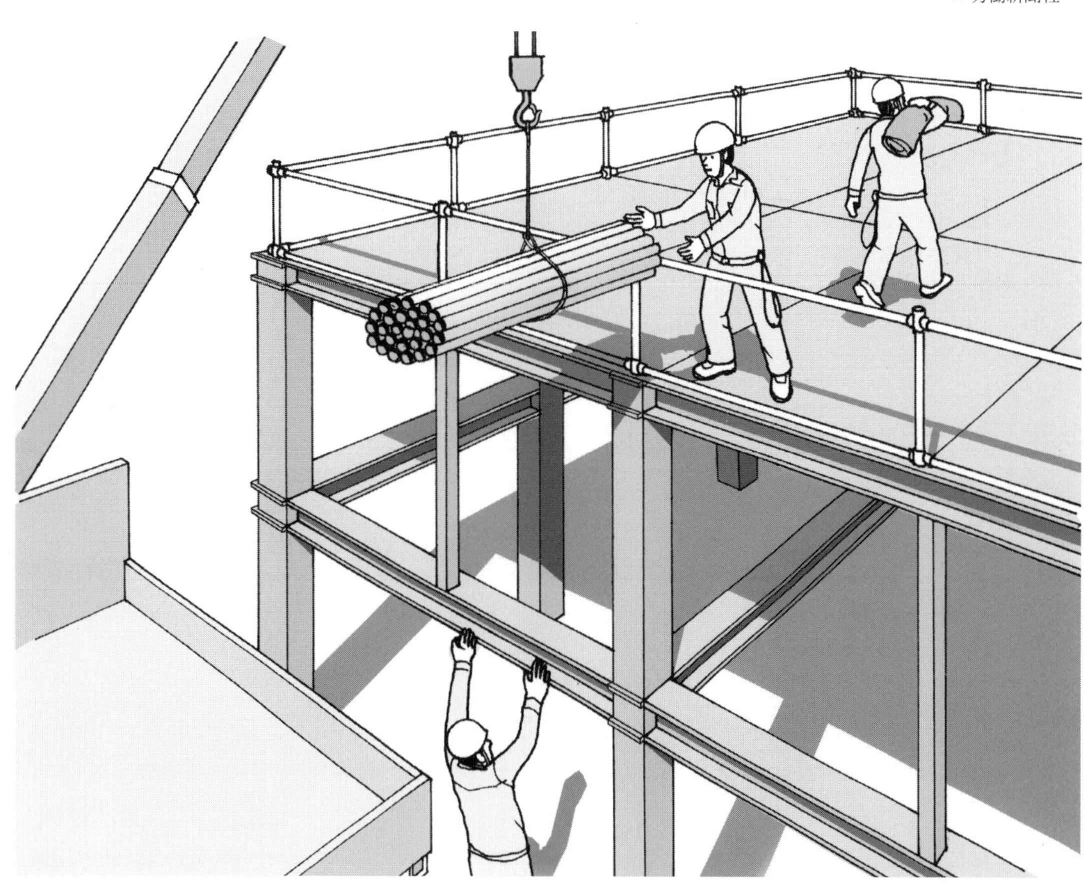

荷扱い

状況

建物の工事現場です。組み上げた鉄骨の屋上部分（高さ約 5 m）に、移動式クレーンを使って材料を持ち上げています。

ここが危ない！

危険をなくすためには？

ここが危ない！

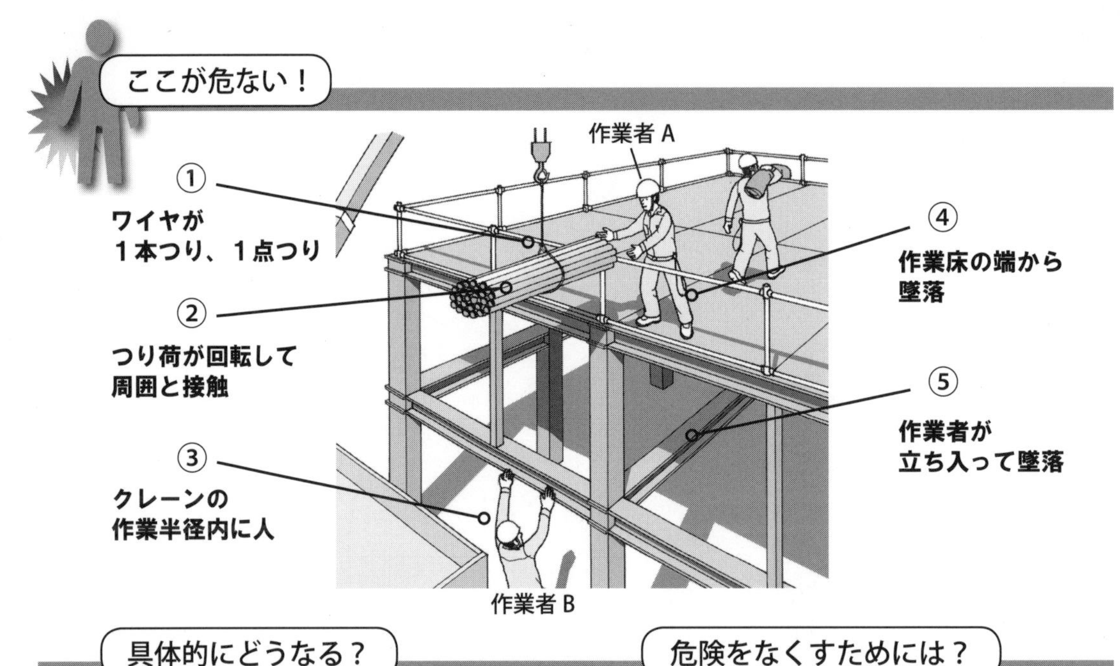

具体的にどうなる？ / 危険をなくすためには？

具体的にどうなる？		危険をなくすためには？
①	荷の玉掛けが玉掛けワイヤ１本つり、１点つりで行われている。 a）１本つりは荷が回転しやすく、玉掛けワイヤの編み込み部の危険もある。 b）１点つりは重心位置とつり位置がずれると荷が傾き、パイプの抜け落ちを起こす危険性がある。	○パイプの玉掛けワイヤは２本つり、２点つりとする。 ・パイプは結束枠へ入れて運搬し、荷解き時にパイプの荷崩れを防ぎ作業の安全と運搬の合理化を図る。 ・結束枠の使用に際しては、結束枠がパイプ束から脱落しないように落下防止対策をする。
②	つり荷に介錯ロープを付けていないため、つり荷の回転などの動きがコントロールできず、作業者Aがつり荷に接触する、つり荷が周囲の建造物に当たるなどの危険な状況になる。	○つり荷の端部に介錯ロープを取り付け、つり荷から離れた位置で荷の方向を修正する。
③	クレーンの作業半径内への立入禁止柵がなく、作業者Bはつり荷の直下にいる。作業床の外周には幅木がないため、つり荷（パイプ）の一部が作業者Bの頭上に落下する危険性がある。	○クレーンの作業半径内は、立入禁止柵などを用いて立入禁止としその表示をする。 ・クレーンへ合図を送る作業者Bの位置は、つり荷の直下を避け、かつクレーンの運転手へ合図を送りやすい位置、荷下ろし材料の確認をしやすい位置に変える。
④	作業床の外周には手すりがあるが、中さん、幅木が設置されていない。作業者Aは要求性能墜落制止用器具を使用しておらず、作業に熱中すると周囲の確認が不十分となり、作業床の端部で墜落の危険性が非常に高くなる。	○作業床の外周に手すり、中さん、幅木を設置して墜落災害、飛来・落下災害の危険を排除する。 ・手すりなどの高さは法令上85cm以上必要だが、より安全にするため95cm以上としている事業場が多くある。 ・要求性能墜落制止用器具のフックを掛ける手すりおよび手すり支柱の強度が墜落災害時の衝撃力に対して十分であることを事前に確認する。 ※参照：「No. 2」関係法令
⑤	屋上の下の階は立入禁止となっていないにもかかわらず、墜落防止設備や飛来・落下防止設備がなく、作業者が立ち入ると危険である。	○屋上の下階の梁上は、通行禁止としないのであれば、要求性能墜落制止用器具のフックをかけるための親綱および水平ネットを設置する必要がある。 ・鉄骨階段が先行取付けされていない場合は、柱などへ作業者の昇降用タラップおよび安全ブロックの設置が必要である。

<関係法令> ○玉掛け作業の安全に係るガイドライン

● No. 9　建屋屋上部分に移動式クレーンで材料を持ち上げる作業２

© 労働新聞社

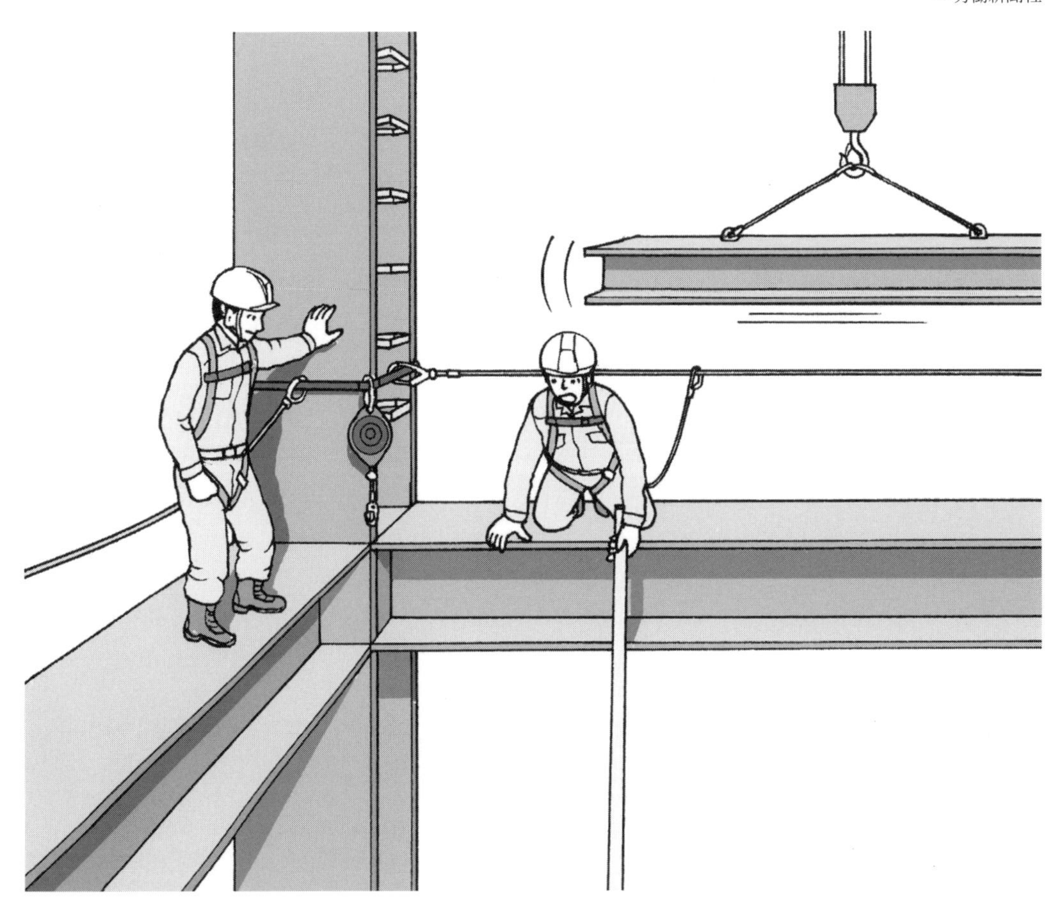

荷扱い

状況

鉄骨建て方の作業中の様子です。作業者は邪魔な部材を下へ手渡そうとしています。作業通路や作業床は設置されていません。

ここが危ない！

危険をなくすためには？

ここが危ない！

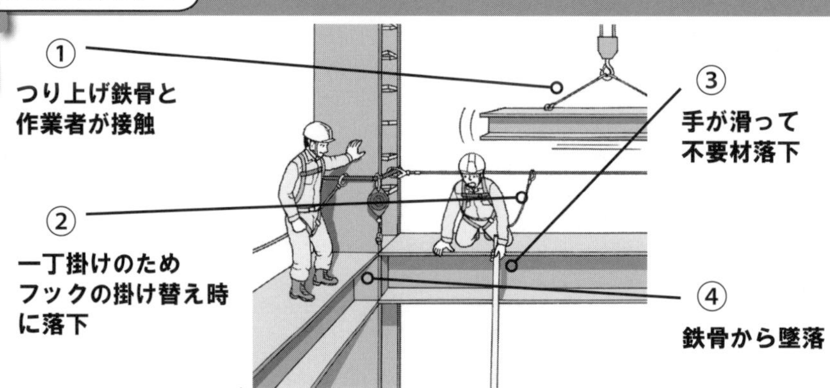

具体的にどうなる？ → 危険をなくすためには？

	具体的にどうなる？	危険をなくすためには？
①	つり上げ鉄骨はさまざまな状況により作業者に接触する危険性がある。	○鉄骨建て方作業範囲内は各階とも立入禁止とし、作業者の立入禁止措置（表示と周知、柵設置など）を徹底する。 ○つり上げ鉄骨の方向を調整するために介錯ロープを使用する。 ○強風（10分間の平均風速が10m/s以上）が予測される時は鉄骨建て方などのクレーン作業は行わない。
②	要求性能墜落制止用器具のフックをかける親綱は、一般に柱や親綱支柱の位置で連続性が途切れているので、一丁掛けではフックの掛け替え時に危険な状態になる。	○一丁掛けで使用している要求性能墜落制止用器具は二丁掛けにして使用することが望まれる。 ・親綱は緊張器により適度な張力を与え、わずかにたわむ程度に張る。 ○鉄骨（高さ5ｍ以上）の組立作業では、事業者は次のことを法令の定めにより行う。 ⅰ）あらかじめ作業計画を定め、それにより作業を行う。 ⅱ）鉄骨の組立等作業主任者を選任し、作業の方法の直接指揮、器具・工具・要求性能墜落制止用器具などの点検、要求性能墜落制止用器具などの使用状況の監視をさせる。 ○作業計画書、作業手順書などにより危険なポイントをあらかじめ作業者に教育しておく。
③	上の階にある不要材を下へ手渡そうとしている。手が滑ると下の作業者に当たり危険である。 関係者以外立入禁止の柵や標識もない。	○物を降ろす時は、各階ごとに材料をまとめてクレーンやリフトで降ろす。 ・滑り台状のシュートを使う方法もあるが、下で材料を受け取る作業者が手に怪我をすることがあり、原則として止めるべきである。 ○3ｍ以上の高所から物を落とす時は、投下設備を設け、監視人を置く。
④	梁間に作業床や作業通路がなく、墜落災害の危険がある。 作業範囲内への立入り禁止対策、作業通路の設置状況などを見ると、作業計画書通りに作業が行われていないようである。	○親綱の張られた梁の上や仮設タラップの付けられた柱は、鉄骨建て方直後は仮設通路や昇降設備として使用される。 ・作業床・仮設通路は手摺、中さん、幅木を設置し、昇降設備はタラップの代わりに仮設階段などに置き換えて、墜落や飛来・落下の危険性の少ない場所を確保していく。

＜関係法令＞

○安衛則517条の2（作業計画）、517条の4（建築物等の鉄骨の組立て等作業主任者の選任）、517条の5（建築物等の鉄骨の組立て等作業主任者の職務）、536条（高所からの物体投下による危険の防止）
○クレーン則31条の2（強風時の作業中止）、74条の3（強風時の作業中止）

● No.10　バックホウを使った鉄板のつり上げ作業

荷扱い

状況

工事現場で、バックホウのバケットに溶接したフックを使って鉄板をつり上げています。クランプでつかみ、つり上げた鉄板が振れないように手元で作業者が支えています。

ここが危ない！

危険をなくすためには？

	具体的にどうなる？		危険をなくすためには？
①	車体重量は3t以上あるバックホウの運転者が技能講習を修了しているか不明である。無資格者の運転によって災害が発生するおそれがある。	→	○事業者は車両系建設機械の技能講習を修了した者を運転業務に就かせる。
②	バックホウの作業範囲に立ち入った作業者が、振れた荷に激突する。	→	○バックホウによるつり荷の作業範囲には、作業者など人を立ち入らせてはならない。
③	アームに外れ止め付きのフックが溶接されていないため、つり上げた荷が落下して作業者が下敷きになるおそれがある。	→	○外れ止めなどを具備したフックとつり上げ用の玉掛け器具などを使用する。 ・安衛則164条では、車両系建設機械の主な用途以外の作業を規制している。やむをえず用途外使用をする時には、不十分な準備状況のままでは危険である。 ○本例の場合は、安衛則164条の措置を講じたうえで作業を実施すること。 ・荷のつり上げの作業を行う場合であって、次のいずれにも該当するとき。 イ　作業の性質上やむを得ないとき又は安全な作業の遂行上必要なとき。 ロ　アーム、バケット等の作業装置に次のいずれにも該当するフック、シャックル等の金具その他のつり上げ用の器具を取り付けて使用するとき。 （1）負荷させる荷重に応じた十分な強度を有するものであること。 （2）外れ止め装置が使用されていること等により当該器具からつり上げた荷が落下するおそれのないものであること。 （3）作業装置から外れるおそれのないものであること。 ・荷のつり上げの作業以外の作業を行う場合であって、労働者に危険を及ぼすおそれのないとき。
④	鉄板をつるのにクランプでつかんでいる。クランプが保持できる重量を超えると、クランプが滑り荷が外れて落ちるおそれがある。	→	○つるべき鉄板に玉掛け用シャックルを掛ける穴を開けておく。
⑤	合図者が指名されていない。適切に合図が行われないままバックホウが作業を続けると、周囲の作業者や車両などにぶつかる事故につながる。	→	○バックホウの操作者に作業の合図をする者を指名し、定められた合図をさせなければならない。

＜関係法令＞　○安衛則164条（主たる用途以外の使用の制限）

● No.11　ドラグショベルを使った玉掛け荷物のつり上げ作業

状況

ドラグショベルを使って、玉掛けした荷物をつり上げようとしています。本当にこの作業方法で危険はないでしょうか？

ここが危ない！

危険をなくすためには？

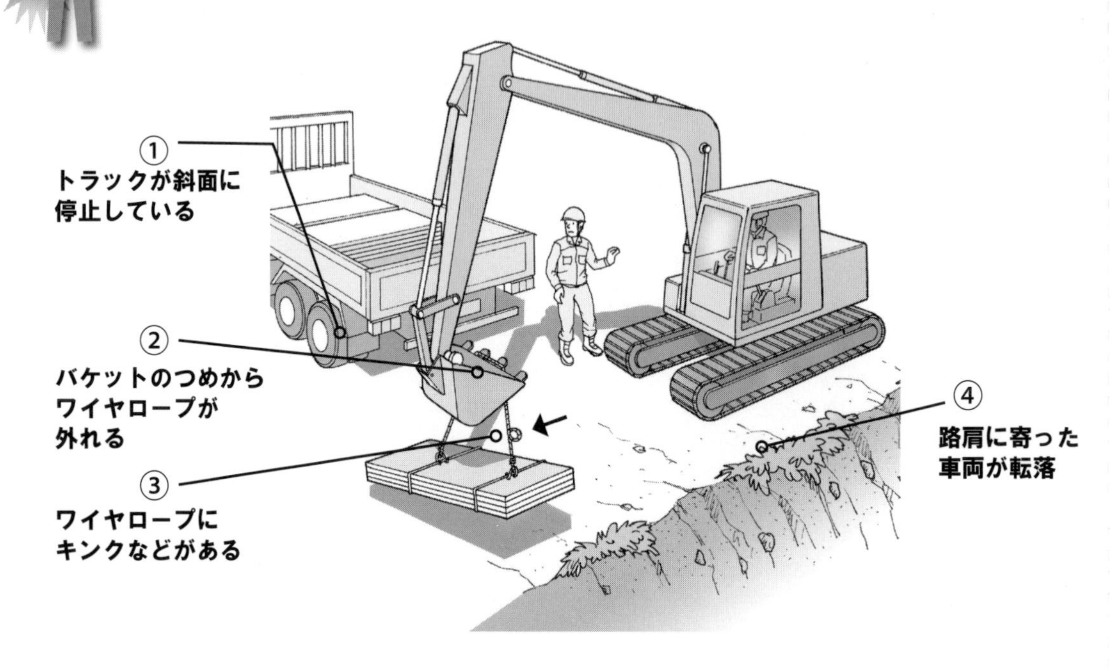

	具体的にどうなる？		危険をなくすためには？
①	トラックの停止位置が斜面となっており、車輪止めを使用していないため、荷をトラックの荷台に積んだ時に動き出してドラグショベルに激突し、ドラグショベルが路肩より転落するおそれがある。	➡	○運転席から離れる場合は、逸走防止措置をとる。 ・耐荷重を超えて使用してバケットなどの作業装置の破壊を起こさないように、最大使用荷重を順守する。
②	バケットのつめにワイヤロープをかけて用途外使用をしようとしていることは作業者の知識と技能不足と思われる。鉄板をつり上げた時に積み荷が傾き、直そうと近づいた作業者の上に落下するおそれがある。	➡	○原則として主たる用途以外の使用を禁止する。 ○玉掛けをする場合は、制限荷重により、特別教育あるいは技能講習修了者が行うこと。 ・運転手は車両系建設機械（掘削用）の技能講習を修了していること。
③	さび、キンク（イラストの矢印）などがあるワイヤロープを使用して、積荷をトラックに積み込もうとしている。ワイヤロープの点検をしていないと思われる。トラックに積むため荷を手で押さえてガイドしていたところ、ワイヤが切断し積み荷が作業者に激突してしまう。	➡	○ワイヤロープ、チェーンなどの玉掛け用具は、安全基準を満たしているもの、また使用負荷に対して所定の安全係数のあるものを使用する。
④	ドラグショベルの運転手が左側が斜面になっていることを気にせず、車両を路肩に移動すると路肩が崩れ、車両とともに転落するおそれがある。	➡	○ドラグショベルの使用にあたっては地形の調査を行い、運行経路の確認、路肩の崩壊防止、誘導員の配置、合図を決めるなどの作業計画をたて、全員で確認する。

＜関係法令＞ ○平成 22 年 3 月 31 日・基発 0331 第 23 号『特定自主検査の推進について』

● No.12　トラックからコンパネの積み下ろし作業

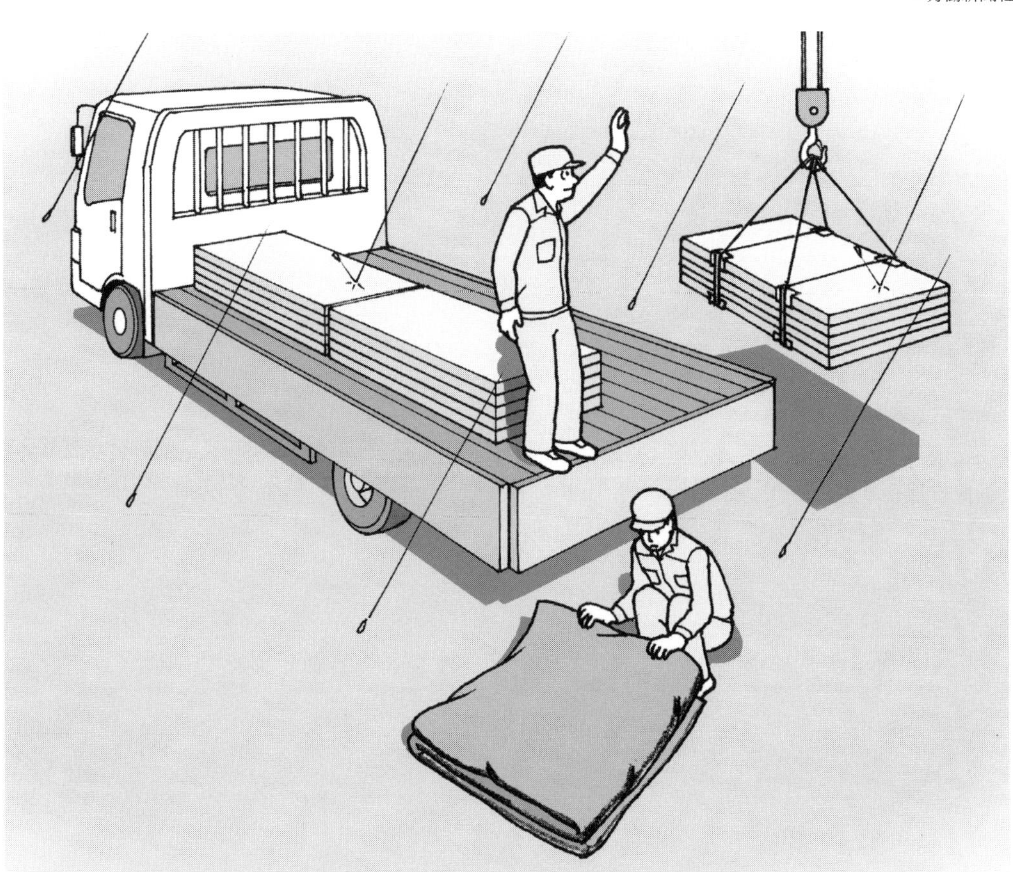

状況

トラックからコンパネ（コンクリート型枠用合板）を下ろしています。台風が近づいているとの予報があり、天気が不安定な状況です。

ここが危ない！

危険をなくすためには？

ここが危ない！

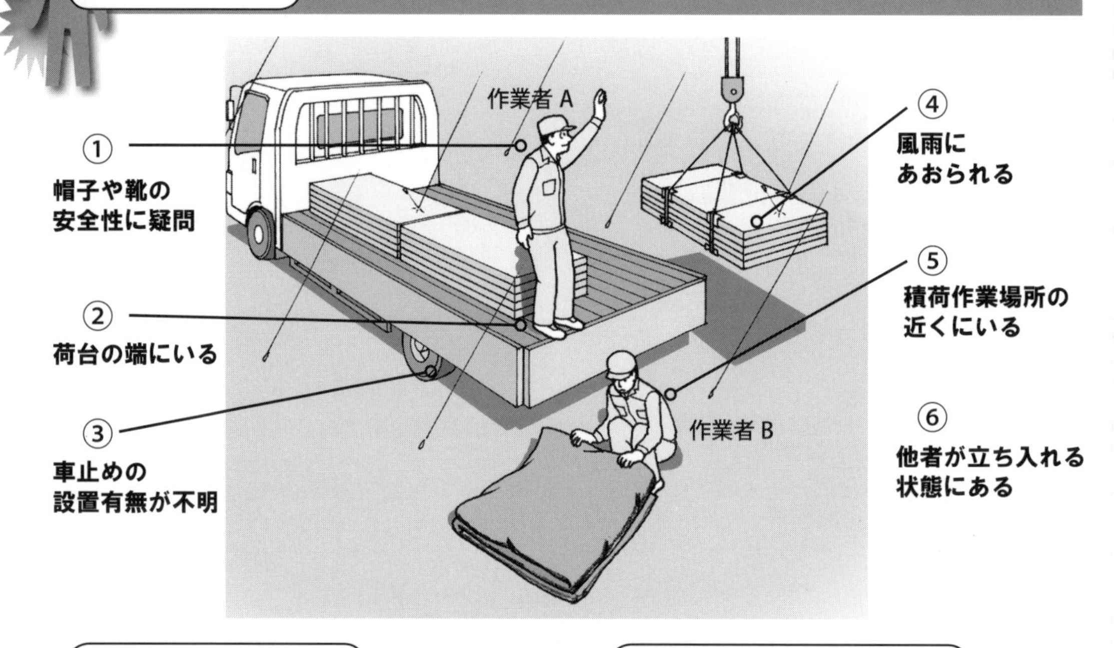

	具体的にどうなる？	危険をなくすためには？
①	作業者Aは安全帽や滑りにくい靴などの保護具の着用状況が確認できない。	○作業者Aは作業服、レインウエアのほか、安全帽、安全靴を着用する。 ・本例の場合は安全帽は墜落防止用（衝撃吸収ライナーのあるもの）、安全靴は雨水を考慮して耐滑性（JIS T 8101 安全靴：〝F〟の記号が表示されている）とする。
②	作業者Aはトラック荷台の端いっぱいに立って荷を待ち構えており、不安定である。	○トラック荷台の脇に仮設の作業床を構築するなど、安全な立ち位置を確保する必要がある。 ・作業者Aは荷台の外側を向いているので万一滑落しそうになった時にとっさに体をかわすことができるのでよいが、荷台の内側に向いていると、この動作ができず極めて危険である。 ・トラック上の積荷が高くなると積荷の上でシート掛けなどの作業を行うことがあるが、積荷の形状を確認して安全な立ち位置を確保する。できる限り地上からの作業とする。必要に応じて足場や脚立を使用する。
③	トラックのタイヤに車止めが確実に設置されているかどうか不明である。	○トラックの車輪に車止めをすること。駐車ブレーキも確認する。
④	クレーンを使ってコンパネを下ろす作業をしている。台風が近づいているが、風雨の影響を考慮しているかどうか不明である。	○台風の予報が出ており、今後風雨が強くなる気配がある。クレーンの積荷が強風であおられ危険な状態になる前に早急に作業を中止する必要がある。
⑤	作業者Bはシートなどの準備をしているところのようだが、積荷作業場所に近すぎるので荷に当たるおそれがある。	○作業者Bは積荷作業区域から十分離れた位置で準備作業をする。
⑥	関係者以外立ち入り禁止の措置などの安全対策が採られていない。	○関係者以外立ち入り禁止の標識などを設置し、他者への安全を確保する。

＜関係法令＞ ○安衛則 522 条（悪天候時の作業禁止）

● No.13　トラックの荷締作業

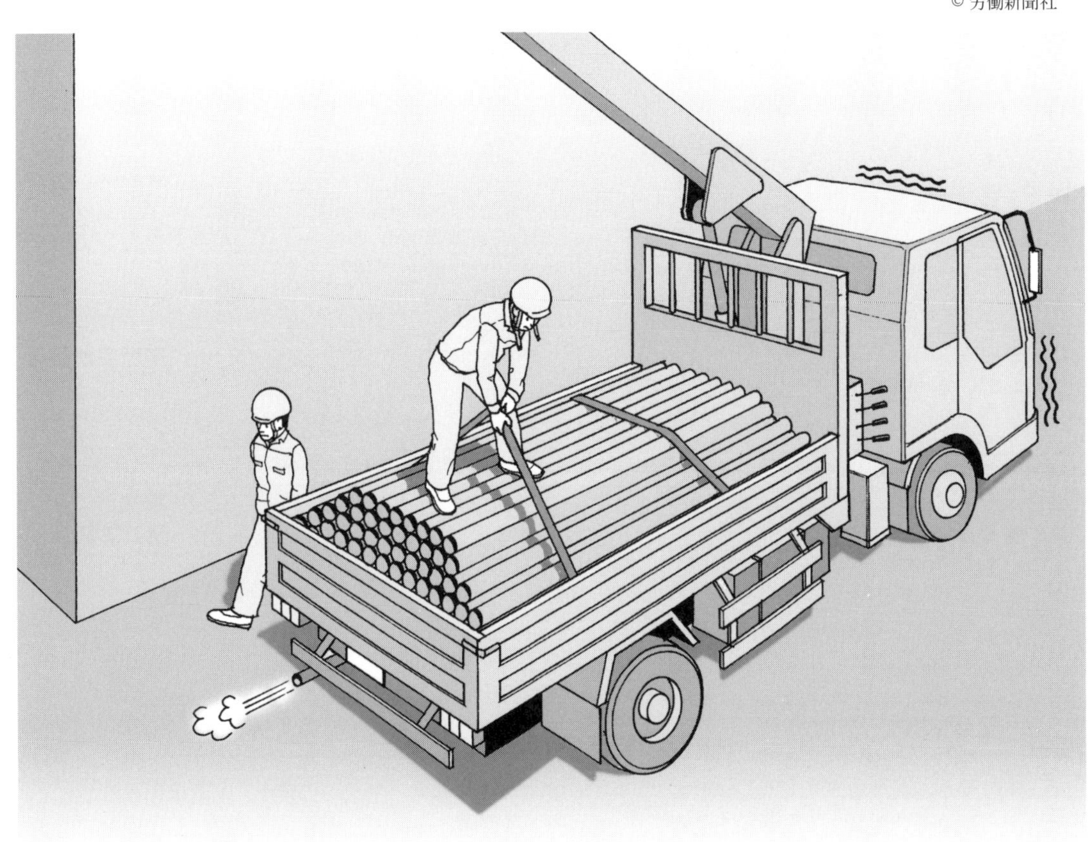

状況

クレーン付きトラックの荷台に鋼管を積み込んでいます。力を込めてベルトを締めていますが、荷台から落ちないよう、気をつけておくべき箇所がいくつかありそうです。

ここが危ない！

危険をなくすためには？

ここが危ない！

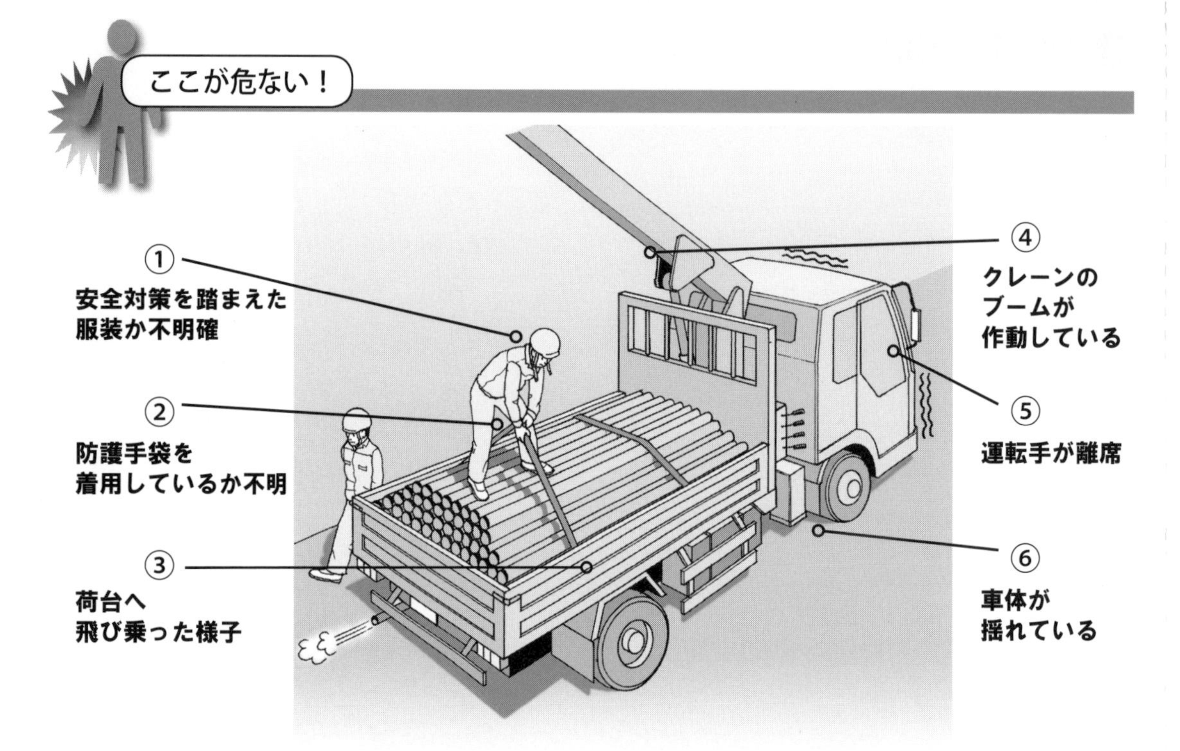

	具体的にどうなる？		危険をなくすためには？
①	トラックの荷積み下ろしなどの作業時の作業者の服装に安全対策を考慮しているかどうか明確でない。	→	○作業者には保護帽（墜落時保護用）を着用させること。 ・本例では保護帽のあごひもを締めて着用していないので、転落などした時、頭を打つ。 ○本例のような滑りやすい積荷上では耐滑性安全靴を着用させること。
②	作業者が締付機操作時に防護手袋を着用しているかどうか明確でない。	→	○締付機操作時に防護手袋の着用が必要である。
③	トラックの荷台上への昇降設備がない。	→	○本例では荷台へ飛び乗ったようであるが滑落のおそれがあるので昇降設備（脚立など）を使用すること。
④	クレーンのブームを収納固定していない。	→	○クレーンブームは収納固定してから次の作業をすること。
⑤	エンジンの排ガスが出ている状態であるが運転手は席を離れている。	→	○運転者が運転席を離れる時は、エンジンを停止し、エンジンキーを抜いて保持し、駐車用制動装置を確実に作動させて、駐車灯点灯・標識設置などを確認して離れること。
⑥	アウトリガーを使用していないので車体が不安定である。また、車止めを使用していない。	→	○アウトリガーを張り出して車体の横方向の安定を保つ必要がある。 （注）：ほとんどの建設機械はアウトリガーを張り出さないと次の作業ができないようにフールプルーフ機能を備えている。 ○駐車中は各車輪に車止めを設置すること。

＜関係法令＞　○安衛法 72 条～ 77 条

● No.14　玉掛けした資材をクレーンでつり上げる作業

状況

玉掛けした資材をクレーンでつり上げます。巻上げの合図を出しましたが、ちょっと待って！　このままだとケガをしてしまうかも。

ここが危ない！

危険をなくすためには？

ここが危ない！

	具体的にどうなる？	危険をなくすためには？
①	つりフックに「外れ止め装置・撚り戻し装置」が取り付けられていない。	○つりフックからワイヤが外れないように「外れ止め装置・撚り戻し装置」を取り付ける。
②	長尺のつり荷材に掛けたワイヤが１本であり、しかも荷の重心位置から外れているようである。	○ワイヤが１本では荷が傾き危険である。玉掛けワイヤを複数本掛け、ワイヤ掛けは荷の重心位置とする。
③	つり荷に、介錯ロープが付いていない。	○つり荷に３m 以上の長さの介錯ロープを付けておく。 ・つり荷を下降して受け取る時に「介錯ロープ」が先に地上に届いた時点で、下降を一旦停止する。 ・玉外し者は、介錯ロープをつかんで、３m 以上離れた場所から、あらかじめ設置しておいた枕木の上に誘導し、玉掛けワイヤが、荷材の下敷きにならぬよう枕木の上に荷を据付け、荷材の安定を確認してから、玉外しをする。
④	玉掛け者および合図者が、つり荷と他の設備や材料などとの間に立っている。	○つり荷が振れた時玉掛け作業者が後ろの壁などに挟まれるおそれがある。つり荷と他の設備や材料などとの間に立たない。
⑤	荷のつり下ろし作業の時に、他の作業者が荷の近くにいる。	○荷のつり下ろし作業者以外の者は３m 以上離れた場所で作業すること。（注）：ほとんどの建設機械はアウトリガーを張り出さないと次の作業ができないようにフールプルーフ機能を備えている。
⑥	つり荷材の角部にワイヤが掛かっており、ワイヤが傷むおそれがある。	○荷の角でワイヤが傷つけられ、切断されるおそれがある。「当て物」をしてワイヤの傷みを防護する。

<その他重要事項>

○建設現場では、地切りは高さ 30cm で一旦停止、地切りをしてから３秒間待つ、つり荷から３メートル以上離れる「３・３・３運動」を安全ルールとして徹底している現場が少なくない。つり荷と人が接触する災害の防止に効果がある。

<関係法令>

○玉掛け作業の安全に係るガイドライン

● No.15　うま足場での作業

© 労働新聞社

状況

建物の内部工事です。うま足場に乗った作業者は、手持ち式のディスクグラインダーで頭上にある鋼製パイプを切断しています。

ここが危ない！

危険をなくすためには？

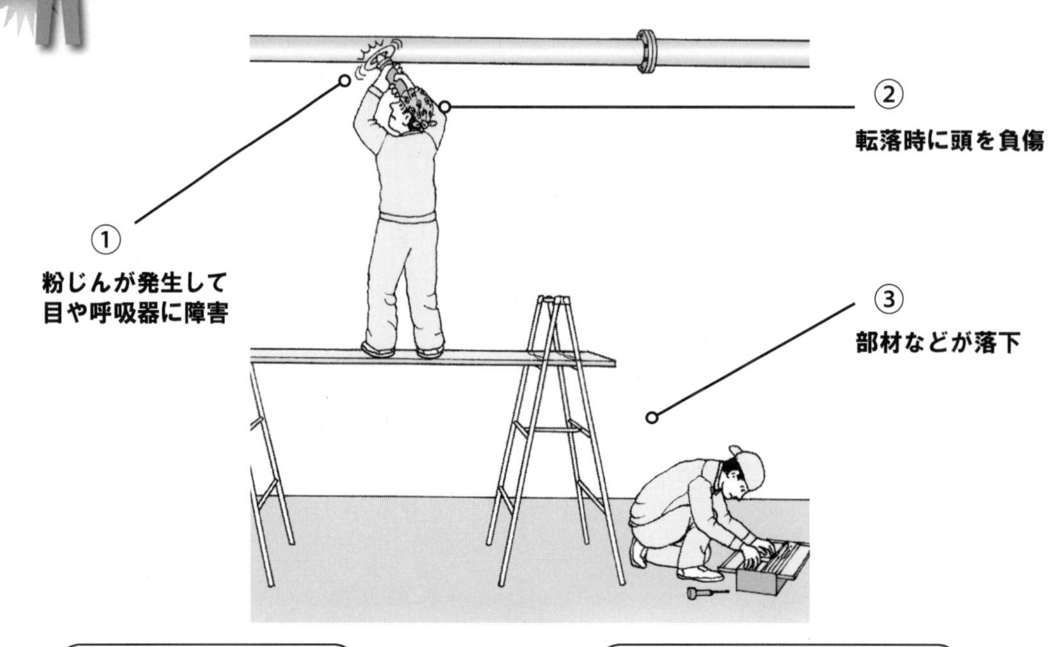

	具体的にどうなる？		危険をなくすためには？
①	作業者が、呼吸用保護具などの正しい装着使用をしていないので、目や呼吸器に障害を与える危険が潜在する。	→	○粉じんを発散する有害な場所における業務では、目や呼吸器の障害を防止するため保護衣や保護眼鏡、呼吸用保護具など適切な保護具を備える。
②	ヘルメットをかぶっていないため、転落時などに負傷する危険がある。 ・本例では事業者が、事前に作業内容を調査して災害防止対策・施工計画・作業手順・管理体制の決定・周知・教育などを実施しているとは考えにくい。したがって、災害要因が潜在する。	→	○ヘルメットを着用する。 ○本例は高さが低いが、もしも高さが２m以上の作業床の端や開口部で作業をさせる時には、墜落防止のための囲いや手すりなどを設けなければならない。 ○事前に作業内容を調査し、災害防止策などについて、リスクアセスメント（RA）を実施し、施工計画書・「RAを取り入れた作業手順書」を作成して、作業者に周知・教育する。 ・本例では「脚立組立式うま足場の組立作業基準書」を作成し、作業者に周知教育する。 ○踏み面のない足場受け台（うま）、つまり単独の脚立にまたがって使用しないこと。
③	各作業者が上下近接作業しているので、グラインダーや切断部材などの落下物に激突してケガをする。	→	○下部の作業者は、うま上部での切断作業から３～５m以上離れて、切断作業の進行状況が視認できる所に位置し、落下物などが生じた時は、即退避可能な体勢で待機する。 ○うま足場の板の最大積載量を検討し、十分な強度を確保すること。足場板は脚立に結束すること。

＜関係法令＞

○安衛則 519 条、528 条（脚立）、593 条（呼吸用保護具等）

● No.16　可搬式作業台

© 労働新聞社

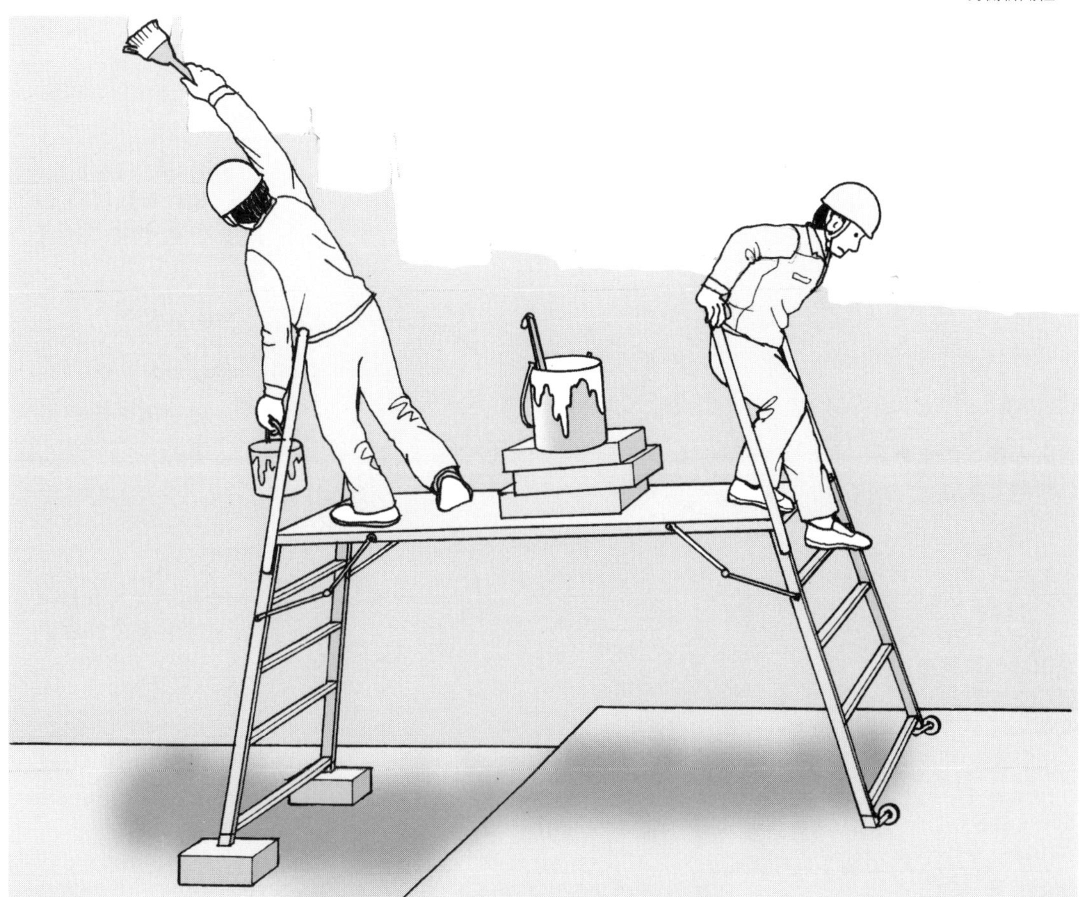

状況

可搬式の作業台を使い壁の塗装をしています。段差を超えるためブロックで左右の高さを合わせたようですが、危なくはないでしょうか？

ここが危ない！

危険をなくすためには？

ここが危ない！

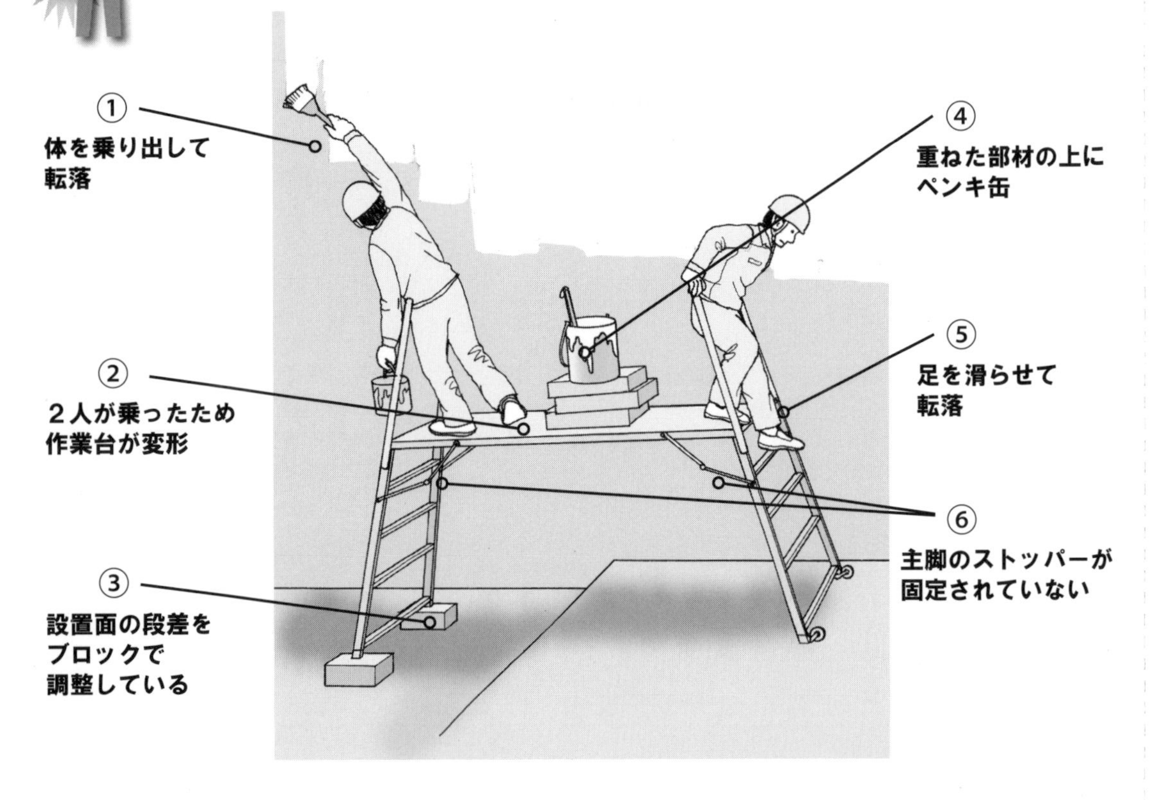

	具体的にどうなる？		危険をなくすためには？
①	作業台から体を乗り出してやっと手の届くところの作業をしていたため、体を支えきれず転落。	➡	○離れた位置の作業をするときは体を乗り出して作業はしないで、作業場所に作業台を近づけて行うようにする。
②	作業台に同時に２人が乗って作業していたため、作業台が変形し、転落。	➡	○作業台に同時に２人が乗らないようにする。
③	作業台の設置面に段差があり、応急的にブロックを入れたがそれでも斜めになっていたため、天板上で作業者が不安定な姿勢になり、転落。	➡	○作業台を設置するときは、安定した位置に水平になるように設置する。
④	ペンキ缶を重ねた部材の上に置いていたため、作業台が揺れた時にペンキ缶が落下し、それを防ごうと体を乗り出して取ろうとして、作業者も転落。	➡	○ペンキ缶はトレーの中に入れ、トレーは天板の床にしっかりと固定する。
⑤	作業台から降りるとき、前向きで降りていたため、足を滑らせて転落。	➡	○作業台から降りるときは、後ろ向きで降りる。
⑥	作業台の主脚のストッパーが固定されていなかったため、昇降時に反動で主脚が閉じて天板が傾き、転落。	➡	○主脚などのストッパーは確実に固定し、作業開始前に点検する。 ○可搬式作業台の作業についての作業手順書を作成する。

● No.17　移動式足場

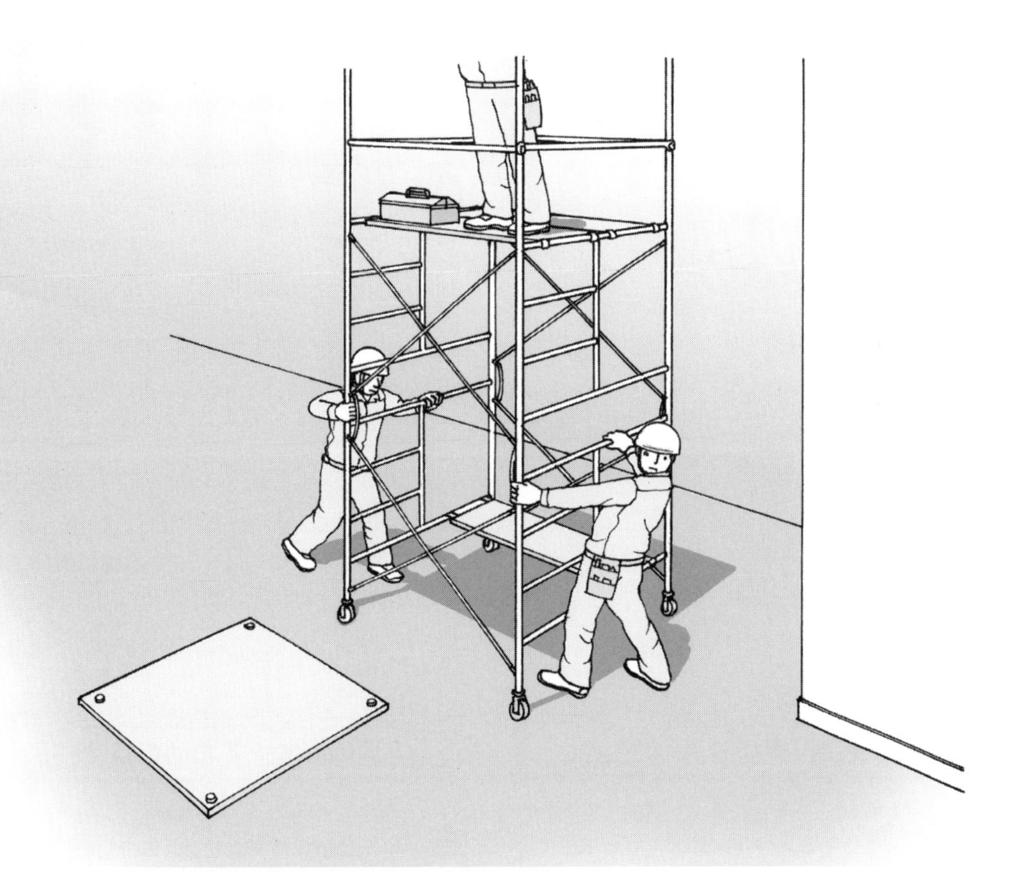

足場

状況

移動式足場（ローリングタワー）で作業をしています。近場に足場を移動させる必要が生じましたが、昇降の手間を惜しんで作業者を足場に乗せたまま移動をさせようとしています。

ここが危ない！

危険をなくすためには？

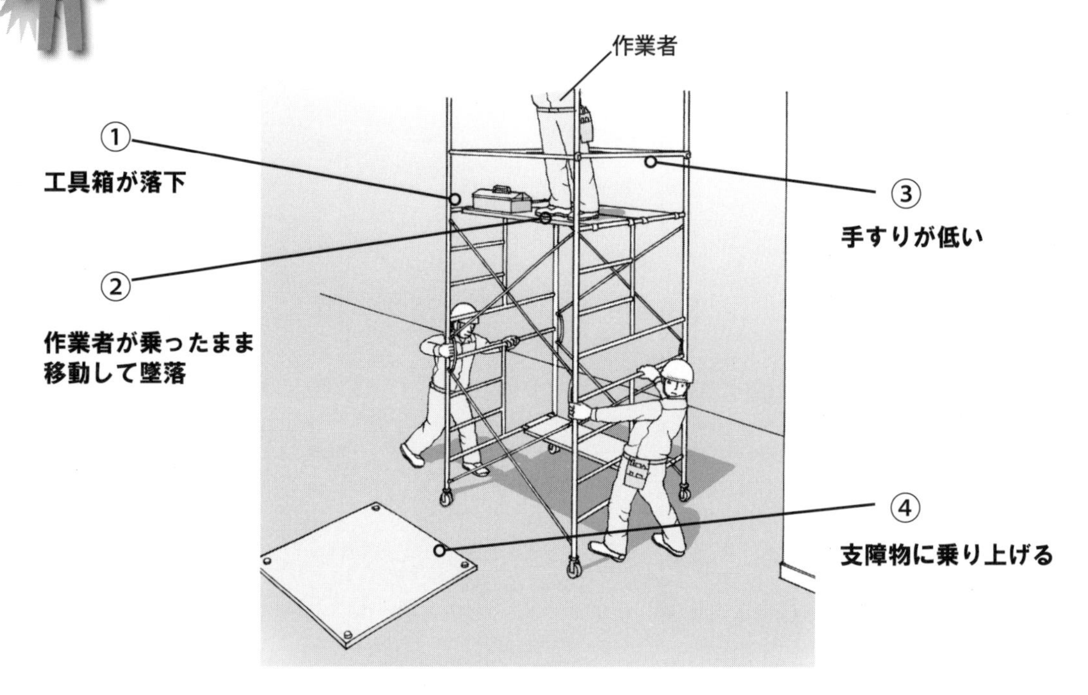

具体的にどうなる？	危険をなくすためには？
① 足場を移動させた際に、工具箱が落下して、下にいる作業者に当たってケガをする。 ② 作業床上に作業者を乗せたまま足場を移動したためバランスを崩した作業者が墜落する。	○ローリングタワーの移動は作業床上に作業者や工具箱などを乗せた状態では行わない。
③ 作業床の周囲の手すりが低く、作業者が手すりを乗り越えて墜落するおそれがある。	○作業床の周囲には、高さ 90cm 以上で中さん付きの丈夫な手すりおよび高さ 10cm 以上の幅木を設ける。
④ 移動通路上の支障物に乗り上げて足場がバランスを崩す。	○移動通路上の支障物を除いておく。凹凸または傾斜が著しい場所で移動式足場を使用する時は、ジャッキなどの使用により作業床の水平を保持すること。 ○移動式足場の使用に当たっては事業者は、「移動式足場の安全基準に関する技術上の指針（昭和 50 年 10 月 18 日公示第 6 号）」に準じた作業計画書・手順書を作成する。指針に基づいて移動式足場を組み立てて使用する。 ○移動式足場の使用にあたっては、リスクアセスメント（RA）を実施し、全作業従事者に周知・教育して作業に臨むこと。

<関係法令>

○昭和 50 年 10 月 18 日・技術上の指針公示第 6 号『移動式足場の安全基準に関する技術上の指針』

● No.18　ブラケット一側足場の組み立て作業

© 労働新聞社

状況

建物の改修工事のためにブラケット一側足場を組み立てているところです。３人とも手慣れた様子で、手早く足場が出来上がっていきます。

ここが危ない！

危険をなくすためには？

ここが危ない！

①
要求性能墜落制止用器具がなく足場から墜落

②
壁つなぎがなく強風で足場が崩れる

③
手すりと作業床の間に大きな空きがある

④
ヘルメットなど未装着

⑤
手を滑らせてパイプ落下

⑥
足場伝いに下に降りようとして墜落

	具体的にどうなる？	危険をなくすためには？
①	作業者全員が要求性能墜落制止用器具を未着用の状態である。 また、作業中の足場の最上部には要求性能墜落制止用器具をかける親綱が設置されていない。足場上からの墜落災害のおそれがある。	○高所作業においては、墜落災害を防止するために要求性能墜落制止用器具（フルハーネス式）を必ず使用するものとする。
②	足場に壁つなぎが設けられていない。強風などにより足場の倒壊のおそれがある。	○壁つなぎは強風時の風荷重を検討して設置間隔を決める。
③	手すりと作業床との間は 90cm くらいの空間があり、墜落災害が発生する危険がある。	○墜落防止および資材の飛来防止のために、手すりだけでなく、中さんおよび幅木の設置、またはメッシュシート張り（飛来防止対策として）を推奨する。
④	作業者が３人ともヘルメットをかぶっていない。墜落や飛来・落下が起きると大ケガにつながるおそれがある。	○墜落や資材の飛来落下から身を守るために、保護帽を着用する。
⑤	最下段の作業者がパイプを頭上にいる作業者へ手渡ししようとしている。上部の作業者が手を滑らせると、パイプが落下して下部の作業者の頭部などに当たるおそれがある。 作業場の周囲に、「関係者以外立入禁止」の柵、表示のいずれもない。	○資材を手渡しで上階へ上げる際に上階の作業者が誤って資材を落とす危険がある。下の作業者は「関係者以外立入禁止」の表示をするとともに、立入禁止柵を作業場所の周囲に設置する。 ・資材上げ下ろし用のシャフトを設け、その中で布バケツなどを使用して資材の上げ下ろしをする方法も検討する。
⑥	足場には昇降設備（はしごなど）が設置されていない。上にいた１人の作業者が足場伝いに下へ降りようとしている。体の重心が足場の外へ出ており、墜落災害を起こしやすい体勢になっている。 手すりの下をくぐった作業者の足は下の手すりの上に載っている。足を滑らせて墜落する危険が高い。	○足場には昇降設備として移動はしごを設置する。移動はしごの注意事項は安衛則 527 条（移動はしご）に記載されているが、その他に下記の事項にも注意する。 ・はしごの接地角度は 75°で使用する。 ・安全ブロックを併用する。

＜関係法令＞

○安衛法 59 条（安全衛生教育）３項
○安衛則 36 条（特別教育を必要とする業務）39 号、527 条（移動はしご）、564 条（足場の組立て等の作業）１項、565 条（足場の組立て等作業主任者の選任）、566 条（足場の組立て等作業主任者の職務）、570 条（鋼管足場）、
○鋼管足場用の部材及び附属金具の規格　※安衛法 42 条に基づく

● No.19　足場の解体作業

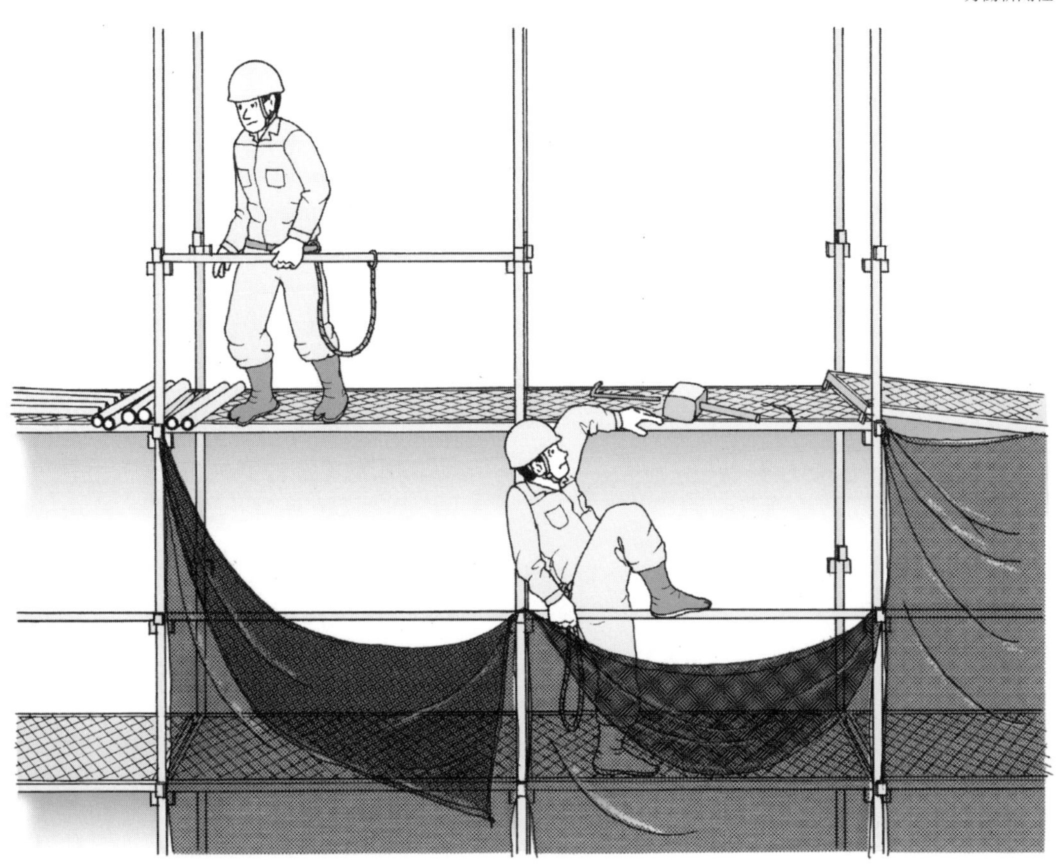

足場

状況

使用後の足場を解体しているところです。上の作業者は要求性能墜落制止用器具を掛け、手すりなどの部材を取り外し中。下の作業者は上の段に目当ての工具を置き忘れてしまったようです。「ネットも外れているし、手を伸ばせば届くかな…」

ここが危ない！

危険をなくすためには？

ここが危ない！

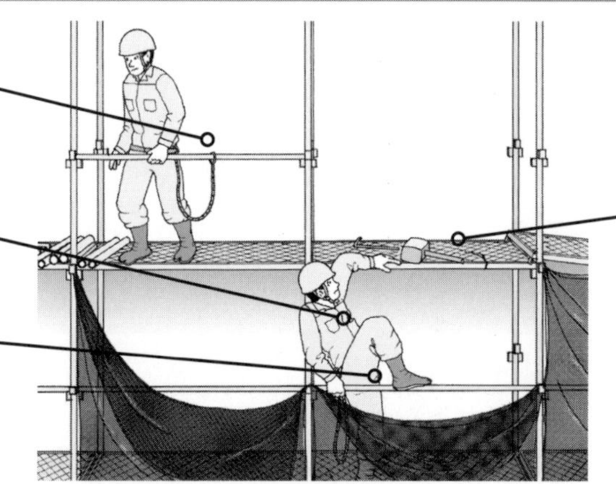

①
フックを取り付けたまま手すりを外して墜落

②
手すりから身を乗り出して墜落

③
手すりを乗り越えようとして手すり脱落

④
鋼材の床が破損して墜落

具体的にどうなる？

① 手すりを取り外す時に、要求性能墜落制止用器具のフックを取り付けたまま手すりを取り外してしまい、バランスを崩して墜落する。

② 1階上の足場に置いてある工具を、手すりから身を乗り出して取ろうとして墜落する。

③ 手すりを乗り越えて移動しようとしたところ、手すりが脱落して転落。

④ 鋼材の床を歩いていた時に、鋼材が折れて墜落。

危険をなくすためには？

（①〜③）

○身を乗り出す、手すりに足をかけて移動する、手すりを乗り越えるなどの不安全行動をさせないため、作業手順書を作成し、その教育を徹底する。

（④）

○足場の組み立て等作業主任者を選任し、材料、要求性能墜落制止用器具などの点検、作業方法および配置の決定、作業状況、要求性能墜落制止用器具使用状況の監視を行う。

○足場の組み立て等作業主任者は床材の強度を確認点検し、緊結を確実に行う。

○その他、作業中に予想される危険や不安全行動、不安全状態の背景にあるもの

・重量のある部材をもって足場を移動し、コーナーで要求性能墜落制止用器具のフックを片手で付け替えようとしてはずした時にバランスを崩して部材とともに地上に墜落。

・手すりに足をかけて足場から建物に移ろうとして足が滑り、足場と建物の間に転落する。

・防音シートをはずそうとしたが、なかなかはずれないため、手すりから身をのりだして力任せに外そうとしたところ、反動で墜落。

・足場での作業には必ず要求性能墜落制止用器具を装着し、またロープの破断を防ぐため、点検を行う。

・作業計画を作成し、それに従った作業の徹底を行う。

・重量物の部材などをもって足場を移動しない。要求性能墜落制止用器具のフックを付け替える場合は、両手をフリーにしてしっかりバランスをとって行う。

・作業指揮者を定めてその指揮のもとに作業を行う。

（注）：足場組み立て作業で、高さ 5m 未満の足場の組立・解体の作業には、作業指揮者を選任する。また、高さ 5m 以上の足場の組立・解体の作業には、作業主任者を選任する。※参照：「No.18」

<関係法令>
○安衛令 6 条（作業主任者を選任すべき作業）
○安衛則 529 条（建築物等の組立て、解体又は変更の作業）

● No.20　高所作業車

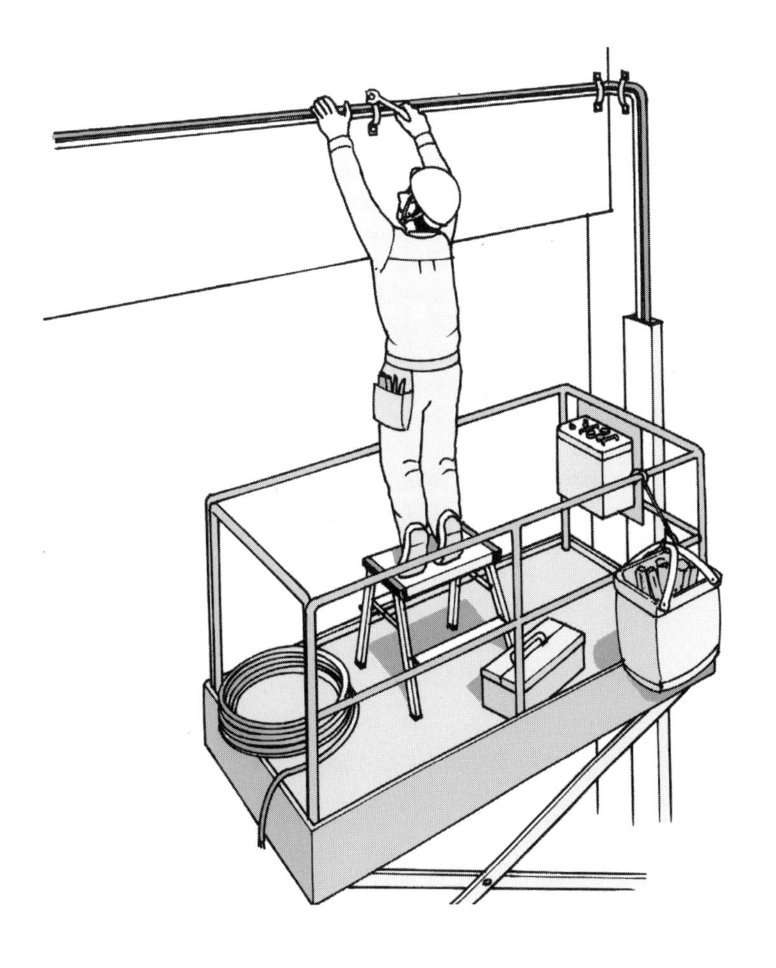

状況

垂直昇降式の高所作業車を使い、建築中の建物の高所にある電気配線の工事を行っています。微妙に手が届かなかったため、低い脚立に乗っています。

ここが危ない！

危険をなくすためには？

ここが危ない！

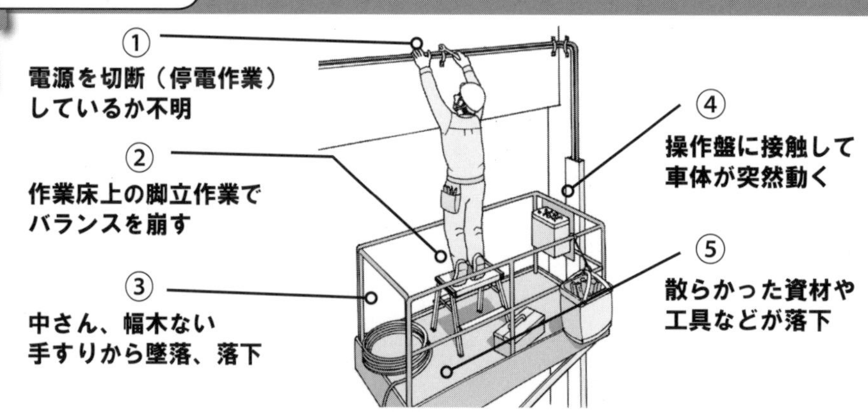

	具体的にどうなる？	危険をなくすためには？
①	電気ケーブルの工事をしているが、停電状態になっていないと作業者に感電の危険がある。	○電気ケーブルの切断や接続は停電状態で行い、関係者間の事前の作業連絡を確実に行う。 ・電路を停電状態にする時は、分電盤に「電気工事中につき通電禁止」と表示して施錠する。 ・ケーブルの切断、接続部分の絶縁処理は作業手順書に従い、作業結果は管理者が確認する。
②	高所作業車の作業床の上で脚立作業をすると、手すりの高さが実質的に低くなり危険である。 脚立の天板上に立つのもバランスを崩しやすく危ない。天板の上での爪先立ちは身体のバランスが取れず極めて危険。	○高所作業車を使用していながらさらに脚立を使う理由は、作業場所の周囲に支障物があり高所作業車の作業床を必要な位置に設置できないからと思われる。 ・支障物がある場合は、事前に作業スペースの高さ、広さを調査して作業可能な高所作業車を準備しなければならない。あるいはローリングタワー（移動式足場）の上に作業場所に適した作業床、手すり、昇降設備を設置する。 (注)：高所作業車（垂直に上昇下降する構造のものを除く）では、要求性能墜落制止用器具を使用する。
③	作業床の端部についている手すりの一部に中さんや幅木がなく、墜落、落下の危険がある。	○高所作業車の機種により部分的に幅木のないものがある。事前に機種のチェックをして、必要な場合には落下防止措置を講じる。
④	操作盤の上部に防護カバーがないので、誤って操作レバーに人や物が接触し、高所作業車が突然動くおそれがある。	○操作盤の上には、誤って人や物が操作レバーに触れないように防護カバーを取り付ける。
⑤	作業床には資材や工具箱が整理整頓されずに置かれ、作業床からはみ出ている。これらの物が落下し、下にいる作業者に当たる危険がある。 また、手すりの外にぶら下げた道具袋から誤って道具を下へ落としたり、ひもが破断して袋が落下するなどの危険も考えられる。	○決められた積載荷重を超えた材料を作業床上に積まない。 ○過荷重自動停止装置（垂直昇降型作業車の場合）、過負荷防止装置などを設置する。 ○作業床の周囲がパネル壁で囲われていない場合は、ネットを張り、材料などの落下を防ぐ。 ○作業床の中へ脚立を持ち込まない。 ○手すりの外へ物をはみ出させたり、つり下げたりしない。

＜関係法令＞
○安衛則194条の8～28、339条（停電作業を行なう場合の措置）
○道交法・道路法……許可条件

● No.21　土砂運搬用コンベヤーの点検・修理

状況

土砂運搬用のコンベヤーに不具合が起こり、点検・修理をしています。なかなか直りそうにないため、作業者が手作業で土砂を掻き出しています。

ここが危ない！

危険をなくすためには？

ここが危ない！

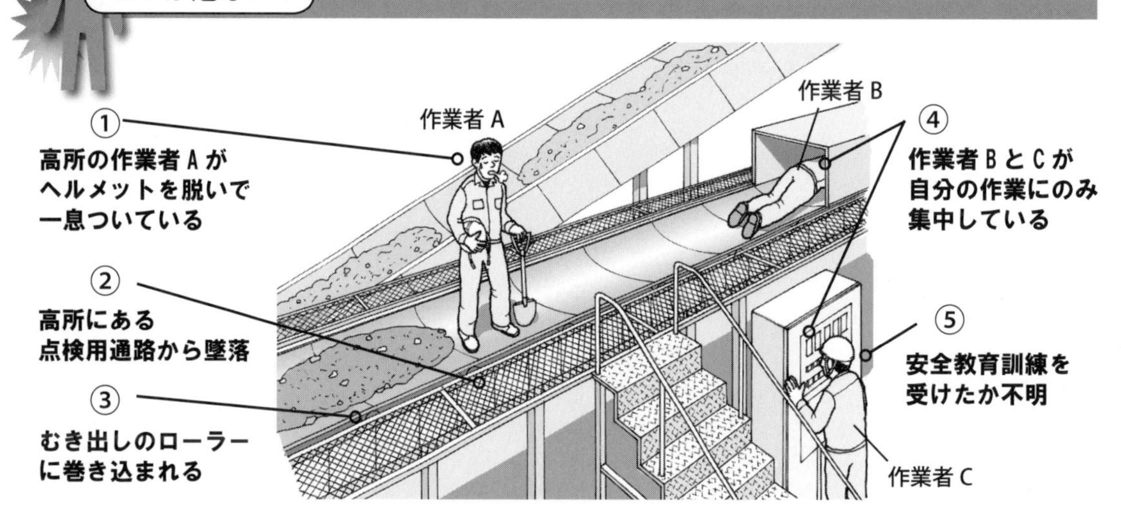

具体的にどうなる？		危険をなくすためには？
① 高所に上がっている作業者Aが、ヘルメットを脱いで一息ついている。万が一落下した場合に頭部が守られず、より大きなケガを負ってしまう。	→	○ヘルメットなどの保護具は、危険な場所での作業の一時休憩中でも常時身につけさせることが必要。保護具の着用について教育を実施しておく。
② コンベヤーは高所にあるが、点検用の通路に墜落防止措置は講じられていないため、地上へ墜落する危険がある。	→	○コンベヤーは不測の事故や故障・点検・清掃などで停止することがあり、その場合には復旧作業をしなければならない。 ・コンベヤーは高所に設置されているため、作業者が安全に作業するためには足場の整備や安全柵の設置など安全対策をとることが必要である。 ※参照：「No. 2」関係法令
③ コンベヤーのベルト周りに巻き込まれ防止のための覆いなどは取り付けられておらず、ローラー部分がむき出しの状態になっているようである。稼働中に手を伸ばすと巻き込まれるおそれがある。	→	○コンベヤーの回転部分には覆いなどを付け、手などが簡単に入らないようにしておく。
④ 作業者Bと操作盤の前にいる作業者Cは、声を掛け合うなどして意思疎通を図っているようには見えない。作業者Cは操作盤の点検をしており、万一誤操作でコンベヤーが動き出したとすれば作業者A、作業者Bが巻き込まれる危険がある。	→	○コンベヤー操作盤を操作する作業者Cは、全作業者と声を掛け合って危険のないように運転しなければならない。 ・操作盤のスイッチを入れてコンベヤーを起動させる時、あるいはコンベヤーを停止させる時に運転開始あるいは停止が全作業者に分かるよう警報装置を使用させる必要がある。
⑤ コンベヤーを操作する人（作業者C）が操作盤に関する安全教育訓練を受けたかどうか分からない。	→	○ベルトコンベヤーの運転、保守にはどのような危険があるかを示し、災害防止のため注意すべき事項について従業員教育を行っておく。

● No.22　携帯用丸のこ使用の作業

状況

屋外でコンクリートを打つための型枠を組む作業中のひとコマ。若手作業者が、携帯用丸のこを使って木材を切断しておくよう指示されました。

ここが危ない！

危険をなくすためには？

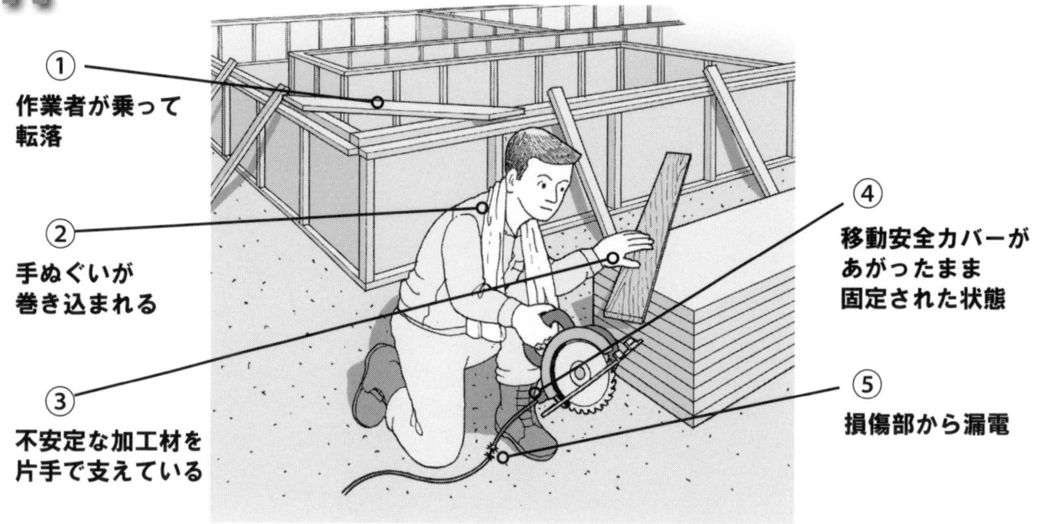

	具体的にどうなる？	危険をなくすためには？
①	組立中の型枠の鋭角部に架け渡された狭い一枚板に作業者が乗って、転落する。	○「作業手順書」の作成・周知・順守をする。 ○大量の型枠材を加工する作業にもかかわらず携帯用丸のこ盤を使用することは危険性が高い。定置式ののこぎり盤を使用すべきである。
②	作業者の首に掛けた手拭いが、回転するのこ刃に巻き込まれて、刃が首に当たり切創を負う。	○作業者に対し、「特別教育に準じた教育」を実施してから作業をさせる。 ※特別教育に準じた教育の内容：携帯用丸のこ盤に関する知識、携帯用丸のこ盤を使用する作業に関する知識、安全な作業方法に関する知識、携帯用丸のこ盤の点検及び整備に関する知識
③	不安定な加工材を片手で支えているので、回転刃が噛み込まれた時、のこぎりと木材が反発して飛び跳ねる。	
④	丸のこ盤の「移動安全カバー」を作動しないよう固定しているので、回転を急停止しようとした時に刃の回転が急停止できず、手・足などを切る。	○丸のこ盤を使用する前に、「移動安全カバーの作動状況」を点検する。
⑤	のこぎりの配電線の損傷部からの漏電で感電する。	○丸のこ盤を使用する前に、電力配電盤を点検して配線・アース設置・漏電遮断機などの作動状況を点検する。

<関係法令>

○平成22年7月14日・基安発0714第1号『建設業等において「携帯用丸のこ盤」を使用する作業に従事する者に対する安全教育〔特別教育に準じた教育〕の徹底について』

● No.23　住宅の内部造作

© 労働新聞社

状況

住宅工事で内部の造作作業をしています。大きなパネルを運んでいますが、ちゃんと前は見えていますか？　分電盤の使い方もよく確認してください。

ここが危ない！

危険をなくすためには？

ここが危ない！

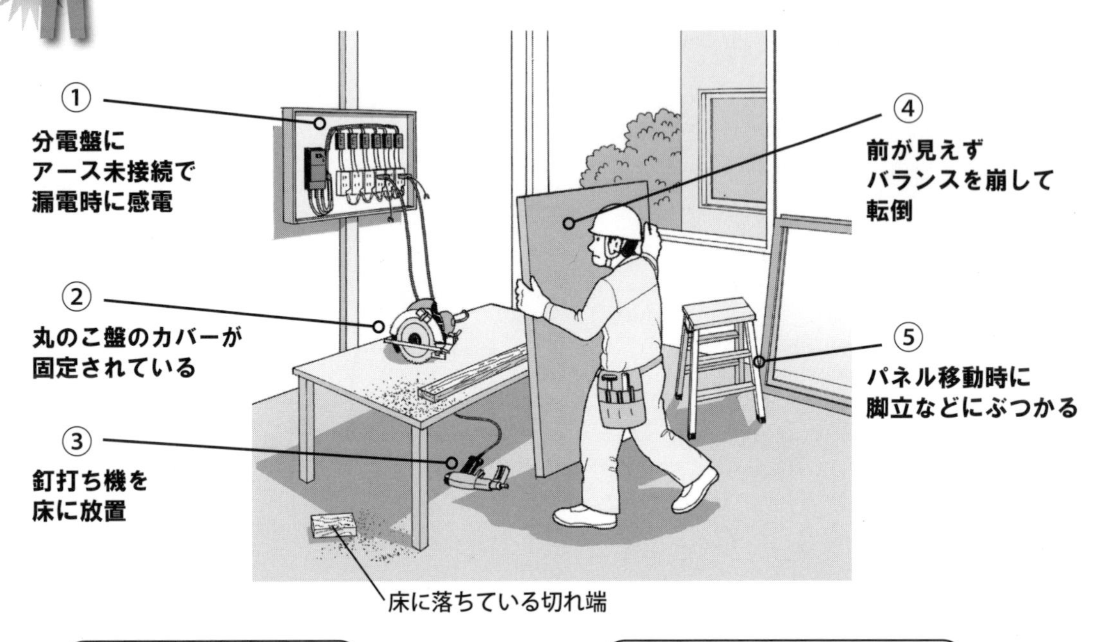

具体的にどうなる？		危険をなくすためには？
① 分電盤に電動工具のコンセントのアースが接続されておらず、工具が漏電した時に感電する。	➡	○工具のアースは分電盤にしっかりと接続する。
② 丸のこ盤のカバーが上げられたまま固定されており、切断時に木材が反発した時に手でよけようとして、歯に接触し、切り傷を負う。	➡	○丸のこ盤のカバーが作動する状態で作業する。 ○丸のこ盤の非常停止スイッチが作動するか、作業前に点検する。 ○作業前に工具類の点検を行う。
③ 釘打ち機が床に置かれたままになっているため、移動時に足で触れてスイッチを押してしまい、釘が足に刺さる。	➡	○工具置き場を設置し、使用済み工具はかたづける。
④ パネルをもって移動中に、前が見えなかったため、床の切れ端に足をのせバランスを崩して転倒。手の上にパネルが落下し骨折。 ⑤ 脚立と窓ガラスが放置されており、パネル移動時に脚立にぶつかり、脚立が窓ガラスに倒れて破損。ガラスの破片でケガをする。	➡	○作業室内、床は整理整頓し、通路を確保し、切れ端も切断作業終了後、その都度かたづける。 ○分電盤には漏電遮断器を設置すること。

＜関係法令＞　○安衛則 329 条（電気機械器具の囲い等）

● No.24　建物の内装工事

状況

戸建て住宅の建築工事現場です。内部造作の作業中で、脚立足場の上で天井のパネルの釘打ちなどをしています。手際よく作業が進められています。

ここが危ない！

危険をなくすためには？

ここが危ない！

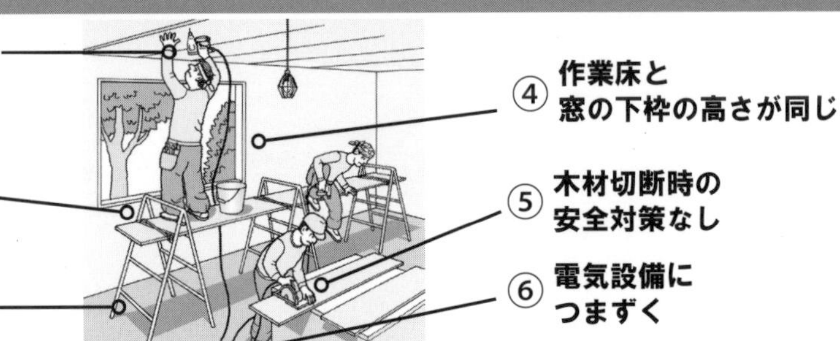

具体的にどうなる？ → 危険をなくすためには？

① 不安定な状態で釘打ち機を手に持ったまま移動したり、不安定な足場から釘を打つ行為は、釘打ち機の誤動作を招き、作業者自身または周囲の作業者に危害を加えるおそれがある。

➡

○釘打ち機の取扱説明書を十分に確認する。
○釘打ち機の誤動作による釘・ワイヤの飛来災害を防ぐため、トリガーのロックを確実に行い、ゴーグル型メガネを着用する。
○打込み時の騒音対策として、低騒音タイプの機種を選定し、作業者には耳栓を使用させる。

---

② 脚立足場の高さは２ｍ未満と思われるが、この高さでも墜落災害の発生は十分想定される。脚立足場の作業床は、手すり・中さんの設置が困難で、安全に高所作業ができない。
足場板が突出しているため、脚立部分から安全に昇降できない。

➡

○脚立足場より安全に作業を行うことができ、昇降時も比較的安全な「可搬式作業台」の使用を推奨。作業床は脚立の天板に比べて広く、昇降階段・作業床とも簡易な「手掛かり」がついているのでバランス保持が容易である。ただし、小さな部屋には持ち込めない欠点がある。
○作業床の設置高さは２ｍ未満とする。高所作業と同様に全作業者がヘルメットを着用することを義務化する。足場板は脚立にゴムバンドで緊結する。※参照：「No.15、No.16」
○作業を行う場所までの高さが 1.5m を超える時は、安全な昇降設備の設置が決められている。
・飛び降りをやめさせるため、昇降設備として手すり付き可動型階段の設置などが考えられる。

---

③ 脚立足場の作業床は、段差や大きなたわみ変形などによる墜落、転倒に注意する。

➡

○足場板の強度を事前に検討し、脚立足場からの墜落災害・転倒災害が発生しないようにする。
○作業床では段差の注意喚起を明示する。
○脚立足場の上は資材の計画的配置をする。

---

④ ２階の脚立足場の作業床の高さが窓の下枠と同じ程度の高さなので、高所作業と同様の状態となり、危険である。

➡

○２階外壁開口部（サッシなど）からの墜落災害を防ぐため、外壁足場の解体時期を調整する、開口部にメッシュシートを張るなどの方法を検討する。

---

⑤ 携帯用丸のこ、可搬式丸のこ盤（以下、ここでは丸のこという）で木材を切断する際の安全対策が講じられているかどうか不明である。作業を見直す必要がある。

➡

○丸のこの使用に先立ち、歯の接触予防装置、割刃その他の反発予防装置を点検する。
○作業者は防じん用の保護メガネを使用し、軍手は着用しない。加工対象物は作業台に固定する。事業者は「丸のこ」安全教育の徹底に努める。

---

⑥ 工事用電気設備（ライトおよび床転がし配線）が、つまずきや転倒の原因になる位置にある。

➡

○丸のこのケーブルが床上を「転がし配線」されていて、つまずきなど転倒災害の原因となるため、ケーブルは天井からつる方法に変える。
○天井照明の位置が低いので、天井の作業者にとって手暗がりにならないか検討する必要がある。

＜関係法令＞　○安衛則 122 条（丸のこ盤の反ぱつ予防装置）、123 条（丸のこ盤の歯の接触予防装置）、526 条（昇降するための設備の設置等）

● No.25　夏期の屋外作業

© 労働新聞社

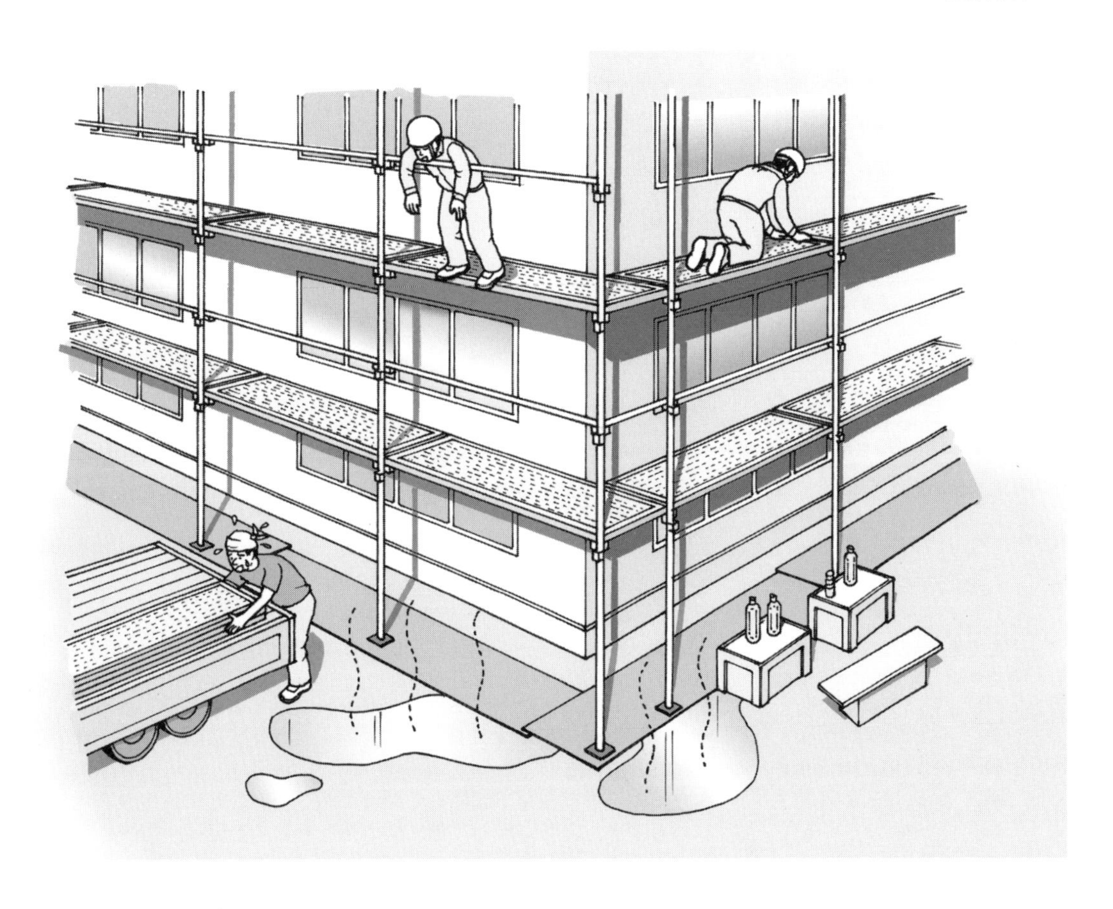

状況

本日は 6 月ながら夏日の予報に。朝まで降っていた雨で、屋外でも湿度が高く、汗が止まりません。作業環境面ではどんな注意が必要でしょうか？

ここが危ない！

危険をなくすためには？

衛生

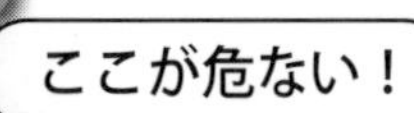

ここが危ない！

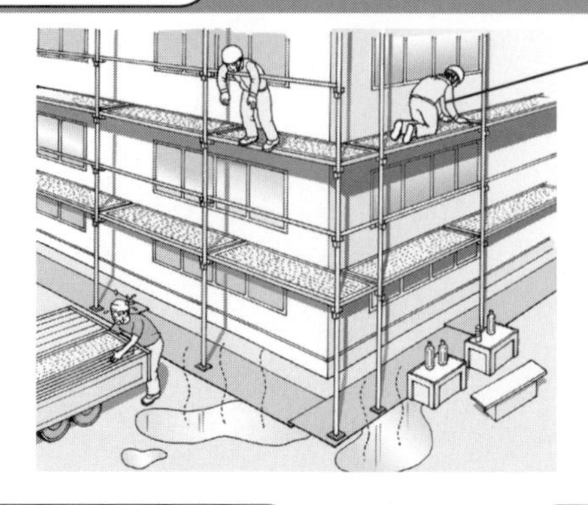

① 雨上がりで湿度が高い

② 直射日光が当たっている

③ 測定機器がなく具体的な暑熱環境が不明

具体的にどうなる？	危険をなくすためには？
① 雨上がりの日で、特に湿度が高くなっている。作業者はグッタリした状態で、このままでは全員熱中症にかかってしまうおそれがある。	○熱中症は作業者の危険行動から起こる事故と異なり、自然環境の温湿度などの状況によって生ずる。事前に予測をして作業前に対策を講じておくことが重要になる。 ○管理者が熱中症に関する知識を教育し、それに基づいて作業者全員によるリスクアセスメントを実施する。 ・健康診断結果などにより、作業者の健康状態をあらかじめ把握する。 ・二日酔いの者は作業から外す。作業中は頻繁に巡視し体調確認を行う。
② 日陰がない状態である。人はこのような環境では注意力が散漫になり、危険回避の動作が極めて不安定になるおそれがある。 作業者Aは手すりの設置に不備があることに気づいていないようである。作業中にふらついて事故を起こすおそれもある。	○事前に作業現場の状況を把握し、直射日光を遮ることのできる「簡易な日よけ」を設置するなど涼しい休憩場所を確保する。スポットクーラーの準備も望ましい。 ○水分補給：暑熱作業では極めて発汗が激しく、急速に体内から水分が失われてゆき、同時に汗と一緒に塩分も失われる。随時水分・塩分の補給ができるように準備しておく。 ・スポーツドリンクも良いが、その成分を調べ、熱中症対策に適したものか確認する。なお、熱中症に関する救急措置も講じておくこと。 ◎救急措置：作業者に少しでも異常が見られたら次の応急措置を行うこと。 ⅰ　暑い現場から涼しい日陰、冷房の効いた室内などに移す。 ⅱ　水分、塩分を取らせる。 ⅲ　衣類を緩めて風通しを良くする。 ⅳ　身体全体に扇風機などの風を当て、首筋、脇の下、足の付け根などを氷嚢などで冷やす。 ・次のような症状が見られたら救急車を依頼する。 （1）意識障害がある（呼びかけに対する返事がおかしい）。 （2）自力で水分を摂取できない。 （3）上記（ⅰ～ⅳ）の措置を行っても症状が回復しない。
③ 現場にはWBGT値（暑さ指数）を測定するための測定機器が見当たらない。	○随時作業環境の測定をする。作業場所にWBGT計（暑さ指数計）を置き、暑熱環境の変化を常時監視し、作業休憩時間を確保する。

<参考>

【WBGT】温熱環境は気温、湿度、気流（風）、輻射熱の３要素で決まり、一つの尺度としてWBGT（湿球黒球温度（単位：℃））で表すことができる。屋外では次式で与えられる。

<屋外（太陽輻射がある）：WBGT=0.7 ×湿球温度＋ 0.2 ×黒球温度＋ 0.1 ×乾球温度>

<屋内（太陽輻射が無い）：WBGT=0.7 ×湿球温度＋ 0.3 ×黒球温度>

<関係法令>

○平成 21 年 6 月 19 日・基発第 0619001 号『職場における熱中症の予防について』

● No.26　炎天下でのコンクリート打設作業

© 労働新聞社

状況

炎天下のなかでコンクリート打設作業をしていましたが、ホースの途中で詰まってしまったようで急にコンクリートが出てこなくなってしまいました。

ここが危ない！

危険をなくすためには？

具体的にどうなる？　　**危険をなくすためには？**

	具体的にどうなる？	危険をなくすためには？
①	管の継ぎ目が外れてホースが残圧で跳ね、型枠の上にいる作業者にぶつかり、転落する。	○事業者は、作業関係者に対して「特別教育」を実施する。圧送管の詰まりを開放する作業の「作業手順書を作成周知」し、残圧でホースが跳ねる危険があることを教える。 ・圧送管内の残圧を開放する方法の「作業手順」を打ち合わせないまま、各作業者がそれぞれ勝手な判断で作業を開始しているようである。事業者、作業責任者、作業者などがコンクリートポンプ車による作業の「特別教育」の必要性を理解していないことも原因になっていると考えられる。 ※特別教育の内容：車両系建設機械（コンクリート打設用、以下略）の作業装置に関する知識、車両系建設機械の作業装置の操作のために必要な一般的事項に関する知識、関係法令、車両系建設機械の作業装置の操作、車両系建設機械の運転のための合図 ・災害発生要因が潜在する状態で、コンクリート打設中に圧送管途中でのコンクリートの詰まりの開放作業を実施することは極めて危険である。
②	管の継ぎ目が外れてホースが落下し、作業者がホースの下敷きになる。	（①に同じ）
③	型枠の上でホースを揺らしている作業者がバランスを崩して転落し、差し筋が体に刺さる。	○差し筋を養生しておく。
④	コンクリート打設中の鉄筋組みの上に、歩み板が敷きならべられていないので、作業者が足を踏み外して転倒する。	○床鉄筋組の上に歩み板を並べて、通路足場を確保する。
⑤	直射日光が強いなかでの作業で、熱中症になるおそれがある。	○直射日光を緩和するために、保安帽に日除け覆いや、保冷剤を取り付ける。

＜関係法令＞
○安衛法 59 条（安全衛生教育）
○安衛則 36 条

● No.27　冬期に打設したコンクリートの養生作業

状況

打設したコンクリートを養生するため、練炭を入れビニールシートで覆いました。数時間後に戻ってきて、練炭を交換するためビニールシートを上げています。

ここが危ない！

危険をなくすためには？

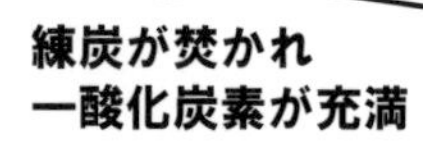

具体的にどうなる？ → 危険をなくすためには？

① ビニールシートで覆われた狭い空間で長時間練炭が焚かれている。作業者は練炭交換のためビニールシートをまくって内部に入る必要があるが、一酸化炭素が充満しており一酸化炭素中毒を起こす。

→

○寒冷地ではコンクリート打設後、保温養生する時にビニールシートなどで覆い、内部に練炭などを用いて保温する。
・狭い空間で長時間練炭が焚かれていると一酸化炭素が充満し極めて危険な状態になる。十分に換気し、一酸化炭素の濃度を測定する必要がある。CO 濃度 10 ppm ～ 50 ppm が目安である。
○作業責任者（作業主任者ではない）を選任してその者の指揮のもとで作業を行う。
・作業責任者は一酸化炭素中毒防止対策の教育を受けたものでなければならない。
・作業者は全員一酸化炭素用の防毒マスクを着用する。
○一酸化炭素中毒は 500 ppm、1 時間ばく露で頭痛、意識薄れなどの症状が出始め、1500 ppm で死にいたる。

② あり合わせの工事用資材などで踏み台の代用とすることは崩れるおそれがあり危険である。

→

○現場の状況によっては踏み台が必要な場合があるため、あらかじめ専用の踏み台を準備しておく。

③ 交換用の練炭を運ぶ時、雪、氷によって足を滑らせて転倒する。

④ 寒気にさらされる場合、雪かきによって腰を痛める可能性がある。

→

○降雪のあった場合は練炭交換作業の前に雪掻きが必要なこともある。
・降雪のあった場合は作業前に雪掻きをして滑り・転倒の予防をすること。
・特に寒気にさらされる場合には雪掻きによる腰痛にも注意すること。宿舎を出る前に腰痛予防体操を行っておくと良い。
○交換用の練炭は必要な時持ち込むか、養生して現場近くに置いておく。交換用の練炭を運ぶ時、雪道などでは滑りやすい。
・履き物に着脱式のスパイクなどを着用するなど対策を講じることが望ましい。この場合にも腰痛予防に注意する。

<関係法令>

○事務所則……事務所の室内における一酸化炭素の濃度は 50 ppm（空気調和設備または機械換気設備のある事務所では 10ppm）以下。
○平成 10 年 6 月 1 日・基発第 329 の 1 号『建設業における一酸化炭素中毒予防のためのガイドライン』
○昭和 48 年 5 月 8 日・環境庁告示 25 号『大気の汚染に係る環境基準について』
……一酸化炭素の環境基準：10ppm

● No.28　建築物の石綿除去

状況

天井部分に吹き付けられている石綿（アスベスト）の掻き落としを行っています。作業場所は隔離し、保護具や保護衣でばく露対策を講じています。

ここが危ない！

危険をなくすためには？

ここが危ない！

① マスクの性能が不十分な可能性
② 専用機器がなく粉じんを処理できない
③ 床面にシールが施されているか不明
④ 石綿が舞っている
⑤ 空気が前室に流入する

具体的にどうなる？ ／ 危険をなくすためには？

① 本例の作業者２名はフード付きの保護衣を着用しているが呼吸用保護具（マスク）が適切なものではないように見受けられる。
→ ○石綿の除去作業を行う場合は電動ファン付マスクまたは送気マスクを着用する。

② 作業現場に石綿用集じん装置、石綿用真空掃除機および、石綿粉じんの飛散状況を監視する測定器が整備されていない。
→ ○集じん装置は汎用のものでも良いが、その排気口には高性能フィルタ（HEPA）装置を付加する。同様に排気装置にもHEPAを設置してから屋外排気する。
・真空掃除機の排気には10μｍ以下の微細な粉じんが含まれている。この作業で使用する真空掃除機は特別にHEPAを付加したものを使用する。
・作業場には石綿粉じんの飛散状況（漏洩）を監視するための測定器を準備する。

③ 床面にシールが施されているかどうか不明である。
→ ○作業場の床面はビニールシートなどで養生し、シートの接続部はテープなどで固定する。

④ 吹き付けられた石綿などの除去に当たって、建材の湿潤化が確実に行われておらず、粉じんが舞っている。
→ ○吹き付けられた石綿などを除去する場合は、湿潤化のために建材内部に浸透する飛散抑制剤、表面に皮膜を形成する粉じん飛散防止処理剤を使用する。十分に湿潤化できる素材（石綿）では散水でも良い。

⑤ 作業現場から前室への出入口がビニールカーテンだけでは確実に隔離できない。
↓
○作業現場の空気が屋外（一般環境）へ漏れ出ないように十分な養生をすること。
・前室と作業現場（密閉された作業現場）との出入口は確実にシールできる構造にする。
・屋外⇒前室⇒作業現場の気圧は順次低く保ち、気流は常に屋外から前室を介して作業現場の方へ流れるようにしておく。
・上記の状態が常時監視できるように工夫する。専用の計器を使用するか、リボン状に細長く切ったティッシュペーパーを開口部に貼り付けても良い。
○これらの具体的な設備と作業手順は次の通りである。
<石綿の作業現場への出入り>
1. 石綿の作業現場へ入るときは、作業服、保護具、シューズカバーなどの着用は「更衣室」で行い、新しい作業服（使い捨て式）に着替える。
2. 作業終了後の脱衣は「前室」で行い、汚染した作業服を脱ぎ、密閉袋に入れる（この時点では、まだマスクは外さない）など手順を守る。
3. 脱衣後は、「エアシャワー」で身体などに付着した石綿を落とし、更衣室でマスクを外し、私服に着替える。

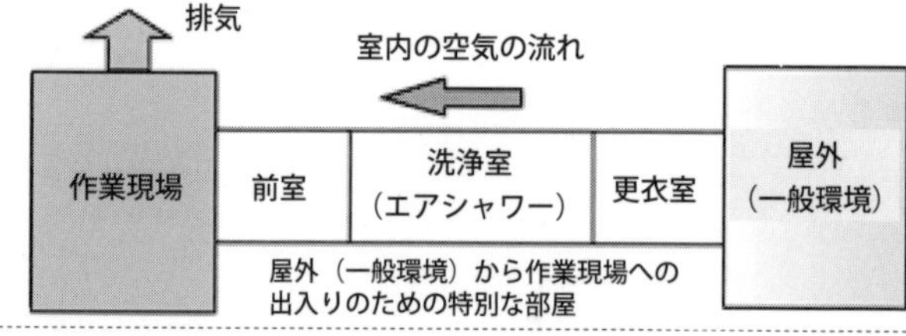

<関係法令> ○安衛令６条（作業主任者を選任すべき作業） ○石綿則

● No.29　トンネル内の作業

状況

トンネル内の側壁へコンクリートの吹き付けをしています。掘削後に発生した粉じんも多く、防じんマスクをして作業にあたっています。

ここが危ない！

危険をなくすためには？

ここが危ない！

具体的にどうなる？ / 危険をなくすためには？

① 建設中のトンネル内で、作業者Aは壁面へコンクリートを吹き付けている。坑内は薄暗く、粉じんが舞っている。作業者は保護具を着用しているが、適切なものかは不明である。

→ ○トンネル内でコンクリート吹付作業をする作業者には、電動ファン付呼吸用保護具を着用させることが粉じん障害防止規則で義務付けられている。
- 特にトンネル内は粉じん濃度が高く、かつ湿度が極度に高い場合が多いので、普通の防じんマスクではすぐに目詰まりしてしまう。
- 電動ファン付のマスクは防爆形になっていないので、発破の準備作業などでは電池を抜いておくか防じんマスクに掛け替える。ゴーグル、ヘルメット、安全靴などの着用はいうまでもない。

○コンクリート吹付作業はじん肺法施行規則で「粉じん作業」に指定されている。AIを活用した遠隔操作も研究されているので、情報を収集して検討することが望ましい。

② 近くにいる作業者Bも作業環境は作業者Aと同じため、適切な保護具の着用が必要。

→ ○作業者Bはコンクリート吹付作業をしているわけではないが、作業環境は作業者Aと同様であるから電動ファン付呼吸用保護具の着用が必要である。

③ 排気ダクトの設置位置、ダクトの径などは図の比率から適切と思えるが、排気量、排気口の場所などが適切か調査をしておく。

→ ○トンネル内工事現場では半月以内ごとに1回、定期に粉じん濃度の測定を行い、結果に応じて排気装置の風量を増加するなどの対策を行う。
- 集じん装置でトンネル外に排気する際長大なトンネルでは圧力損失が大きくなるので、ファンの選定に注意する。
- 排気装置、集じん装置は随時点検を行い、異常箇所があれば直ちに補修する。また、定期検査を行う。

④ 作業場所は照度が不足しているように思える。

→ ○作業場所の明るさは作業内容によって決まるが、粗い作業では最低 70Lx 必要である。

⑤ 切羽が進むと、後方は整地し、トラックなどの車両が通行する。通行する車両とトンネル壁面の作業者の接触を防止する必要がある。

→ ○作業場所は作業用車両が頻繁に通過すると思われるので、通り道は速やかに掃除し、動線を明確にする。
- 車両は電動式が望ましいが、内燃機関では排気の浄化装置を付加する。

<関係法令>

○粉じん則……局所排気装置、作業環境測定、特定粉じん作業者の選任、保護具、特別教育、清掃等

○じん肺法、同施行規則……健康診断

● No.30　ハツリ作業

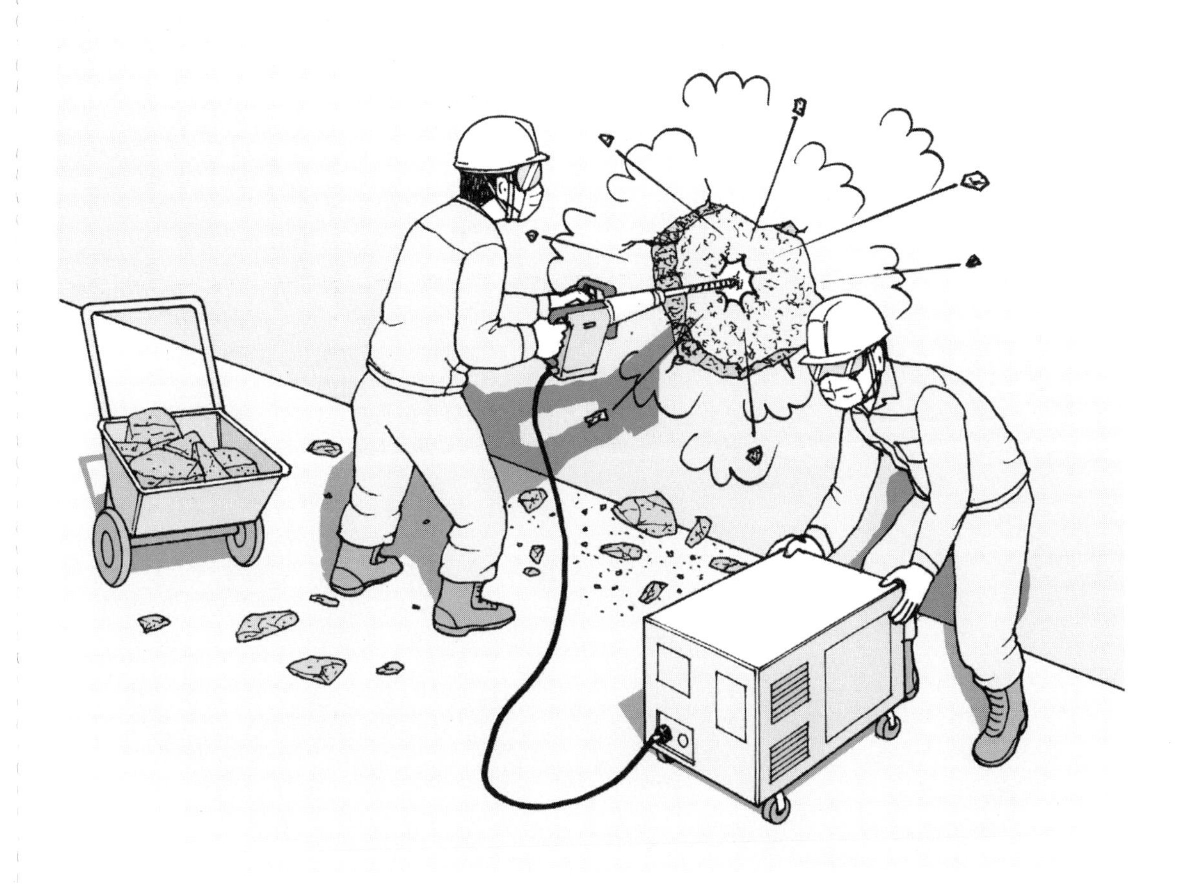

状況

トンネル内で斫（はつ）り作業を行っています。左の作業者はコンクリートブレーカーで熱心に作業を続け、右の補助作業者は動力源であるコンプレッサーの位置を動かしています。

ここが危ない！

危険をなくすためには？

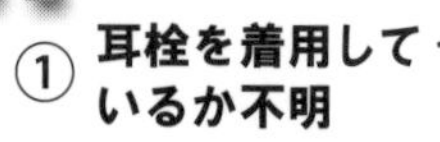

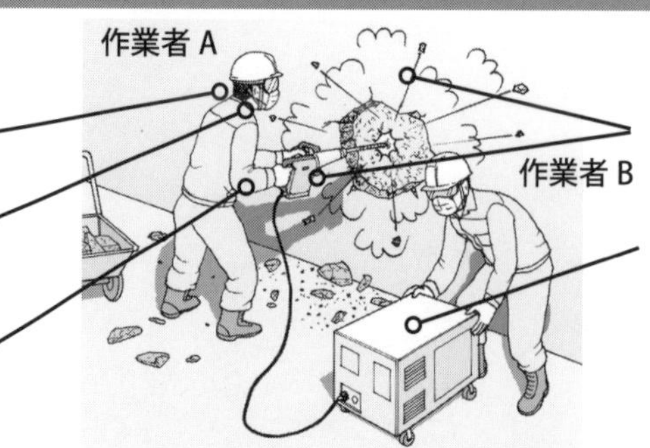

① 耳栓を着用しているか不明

② マスクの性能が不明瞭

③ 手袋が防振用か不明

④ 高濃度粉じんと騒音・振動

⑤ コンプレッサー駆動用内燃機関による影響

⑥ 粉じんや有害ガス濃度が高い可能性

具体的にどうなる？ → 危険をなくすためには？

① 激しい騒音環境になると思われるが、耳栓の着用を忘れていると、騒音性難聴などを引き起こす恐れがある。

→ ○作業者Aおよび作業者Bの近傍で測った騒音値が90dB（A）以上の場合は耳栓を着用させる。耳に負担のかかる音域のみ遮断し、話し声や楽器の音色など必要な音は伝える機能のある耳栓もある。

② 作業者は作業服、ヘルメット、ゴーグル、安全靴は着用しているようであるが、呼吸用保護具のマスクはどのような性能のものか明確でない。

→ ○防じんマスクは国家検定規格に合格したものを使用する。高湿度の環境では電動式防じんマスクを推奨する。

③ 保護手袋は防振用のものか分からない。白ろう病（振動障害）などにかかる恐れがある。

→ ○防振用保護手袋は多くの種類が市販されているが、JIS 規格に合ったものを使用する。寒冷期は振動の影響が強く出るので保温も兼ねて使用する。補助している作業者Bの服装も作業者Aに準ずるが、防振用の保護手袋は必要に応じて着用すれば良い。

④ コンクリートブレーカーは大量のコンクリート破片を飛散させるだけでなく、高濃度の粉じんと激しい振動を発散させる。前項とも関連して作業者の健康障害の恐れがある。

→ ○本例のような有害環境を局所的に処理することは極めて困難であるから、個人用保護具で対応せざるを得ない。コンクリートブレーカーは「振動工具の選定基準」に合ったものを使用し、作業時間の管理を厳密に行う。

・作業時間の計算値が 2 時間を超える場合は 1 日の作業時間を 2 時間とする（作業時間の計算方法の詳細は、通達「チェーンソー以外の振動工具の取扱い業務に係る振動障害予防対策指針について（平成 21 年 7 月 10 日・基発 0710 第 2 号）」）。なお、コンクリートブレーカーは原則として湿式を使用することが望ましい。この場合でも防じんマスクの着用は必須である。

⑤ 動力源のコンプレッサーが、ガソリンエンジンなど内燃機関で駆動されている場合は一酸化炭素が発生し、急性一酸化炭素中毒の恐れもある。

→ ○コンプレッサーに限らず、内燃機関を用いた用具は排気ガス（一酸化炭素など）によって空気を激しく汚染する。トンネル内など限られた空間の作業場内に持ち込まないことが原則。電力で駆動している場合は、架設電線の破損や水の浸漬（しんし）による感電にも注意する。

⑥ トンネル内は換気が悪く、粉じん、有害ガス濃度が高くなる可能性が高い。かつ、気温、湿度も高い場合が多い。屋外での同様の作業でも高濃度粉じんばく露の恐れがある。

→ ○トンネルやピット内などの狭い空間は一般に換気が悪く、劣悪な作業環境になりがちである。特に換気対策に注意する。例えば、1000m^3 以上あるような大きなピット内などでも車載の小型ディーゼルエンジンを数分間稼働しただけで劣悪な作業環境になってしまう。

<関係法令>

○平成 21 年 7 月 10 日・基発 0710 第 2 号『チェーンソー以外の振動工具の取扱い業務に係る振動障害予防対策指針について』

○昭和 58 年 5 月 20 日・基発第 258 号『チェーンソー以外の振動工具取扱作業者に対する安全衛生教育の推進について』

● No.31　ピット内作業

状況

使っていなかった飼料保管用ピットへ降りようとしています。中は薄暗いですが、危険有害物は置いていなかったため、特に注意は払わずに清掃用具を降ろし始めました。

ここが危ない！

危険をなくすためには？

衛生

① 開けっ放しの入口から作業者が落ちる

② 足を踏み外して落ちる

③ 溢れた洗剤による有毒ガス

④ 汚水や廃棄物の発酵による酸素不足や有毒ガス

⑤ 暗い室内で散らかった資材などにつまずく

具体的にどうなる？ / 危険をなくすためには？

	具体的にどうなる？	危険をなくすためには？
①	ピットの入口が開けっ放しになっており、当事者以外の作業者が落下する恐れがある。	○ピットの入口を開けたら、跳ね上げ蓋は固定し、開口部には落下防止の囲いを設置する。 ・常に監視員を配置しておく。
②	降下中の作業者が足を踏み外して落下する。	○深いピット（床から入口までの高さが 2 m 以上）の場合は要求性能墜落制止用器具を着用する。
③	洗剤の溢れや反応（特に塩素系の洗剤など）により有害ガスが発生する。	○いきなりピットの中に入らず、まずは酸素濃度を確認する。異常な悪臭にも注意して安全を確かめること。五感も安全対策に活用する。 ・汚水や廃棄物の発酵（特に嫌気性微生物による発酵）などによる酸素不足、硫黄化合物などの有害ガスが発生する恐れがある。作業終了後には常に、これらの廃棄物を掃除し、搬出しておく。
④	汚水や汚れ物の発酵（化学反応）による酸素不足で酸欠になる。また、有害ガスが発生し、作業者が吸い込む恐れもある。	（③と共通）
⑤	室内が暗く、乱雑に置かれた資材、用具につまずく。	○資材、用具の整理整頓を行う。 ○一般に本例のような場所（ピット内へ入る前の前室など）は狭く、換気が悪く、薄暗く、物が雑然と置かれていることが多い。 ・本例のような部屋の照明はなるべく明るくし（70 Lx 以上）、換気を良好に保つ。 ・ガス濃度は一酸化炭素：10 ppm 以下、二酸化炭素：1000 ppm 以下、硫化水素：10 ppm 以下、酸素：18 % 以上を確保すること。 ・前室へ入る扉を開けたとき、照明と換気装置が自動的に起動するようにすることが望ましい。

<その他重要事項>

○ピット内作業の計画段階で関係者全員によるリスクアセスメントを実施する。慣れた作業であってもリスクアセスメントを実施することによって新たな発見もある。特に新入者（素人）の発言にも注目する。ピット内における一人作業の場合には酸欠などの他に転倒によるケガの可能性も考慮して定期に見張りを行う。

○本例ではガス湯沸かし器などの燃焼器具はないが、それらの排ガスによる酸欠、一酸化炭素中毒にも注意すること。

<関係法令>

○酸欠則　○事務所則

○安衛令 13 条（厚生労働大臣が定める規格又は安全装置を具備すべき機械等）3 項

● No.32　石材の研磨作業

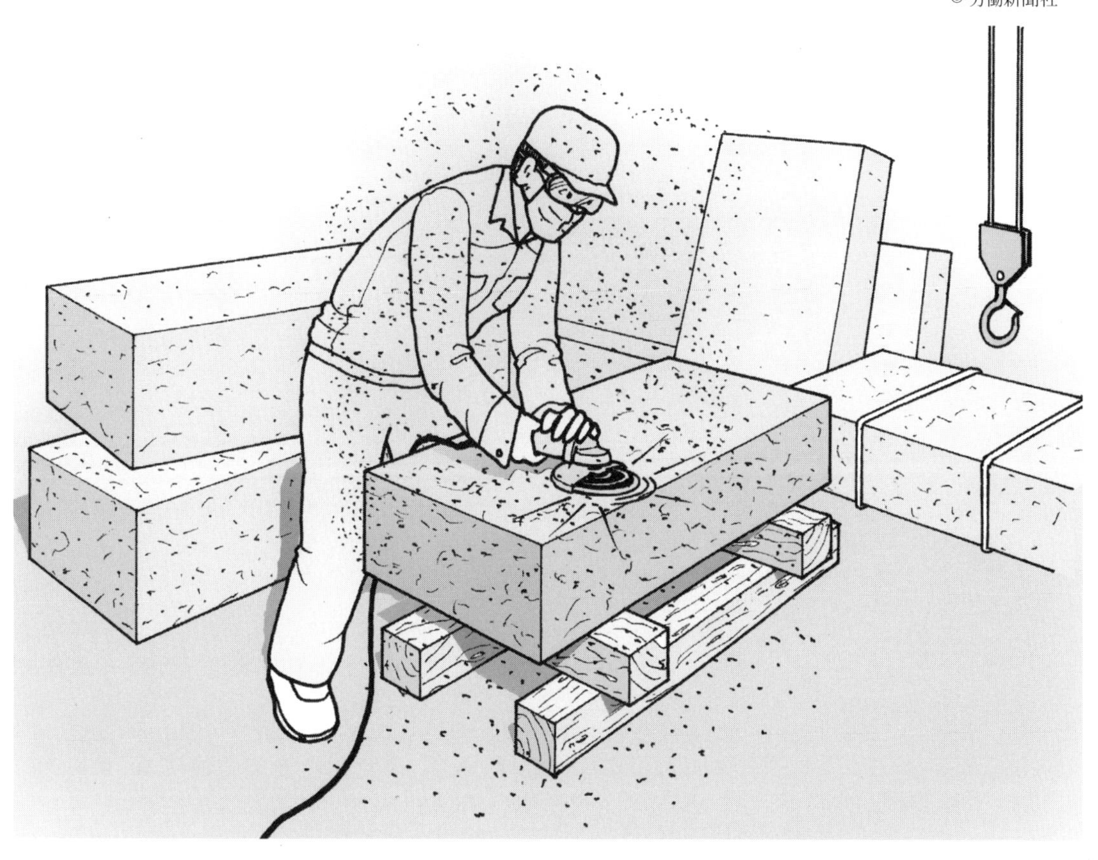
© 労働新聞社

状況

手持ち式のグラインダーを使って石材の研磨を行っています。手をケガしないようしっかり軍手をはめました。作業スペースは狭くて窮屈そう。大量の粉じんが舞っていますが、そのマスクで本当に大丈夫？

ここが危ない！

危険をなくすためには？

衛生

ここが危ない！

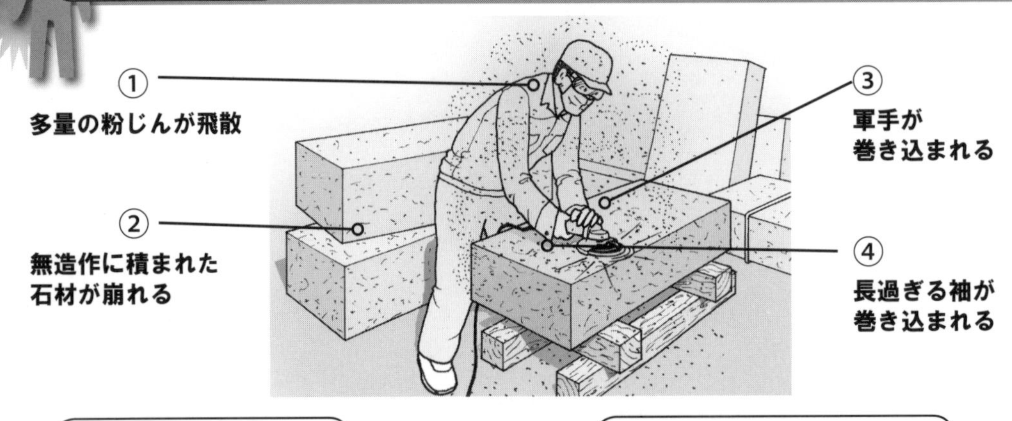

具体的にどうなる？	危険をなくすためには？
① 作業者の周辺部には多量の粉じんが飛散している。作業者が着用しているゴーグルとマスクは粉じん作業用でないため、粉じんを吸い込む。	○個人用保護具としてゴーグルとマスクは必須アイテムであるが、必ず「粉じん作業用」のものを使用する。 ○石材を研磨すると多量の粉じんが発散するため、作業環境は著しく悪化する。湿式研磨が良い。 ・やむを得ず乾式研磨する場合は防じんマスクの着用が義務づけられる。 ○粉じん障害防止規則では手持式電動工具は「特定粉じん作業」から除外されているが、粉じんの有害性には変わりがない。作業環境の粉じん濃度は管理濃度以下に保つ必要がある。 ○「粉じん作業に関する特別教育」を実施し、休憩設備の整備、職場の清掃の実施も必要である。 ○有効な局所排気装置、プッシュプル型換気装置を設置した場合でも、防じんマスクを併用することが望ましい。 ○石材研磨によって発生した粉じんの遊離ケイ酸含有率はかなり高いと思われる。作業環境管理の難しさが想定されるため、定期的な作業環境測定を行い、専門家のアドバイスを受ける必要がある。 ○電動工具は作業開始前に１分間以上の試運転を行うこと（砥石を交換したときは３分間以上）。 ・砥石に表示されている使用面以外の面は絶対に使用しないこと。試運転の時には砥石の回転速度（周速度）を確認すること。グラインダーに砥石の覆いが付いていることも確認すること。
② 作業者の周りに石材が無造作かつアンバランスに積まれており、崩れるおそれがある。	○石材を無造作に置いていると、特に地震などで崩れ落ちるおそれがある。作業者は狭い場所で作業しているので緊急事態の時に逃げ場がない。十分な作業スペースを確保する。
③ 作業者が着用している軍手が、回転する手持ち式グラインダーに巻き込まれて指を負傷する。	○グラインダーなどの回転機械を使用する時軍手は禁物。巻き込まれて指がちぎれてしまった事故が起きている。繊維製のものは使わない。
④ 作業衣の袖が長すぎるため、袖をグラインダーに巻き込まれてしまう。	○巻き込まれないような服装にする。

＜関係法令＞

○安衛則 36 条（特別教育を必要とする業務）第１号……研削といしの取替え又は取替え時の試運転業務
○粉じん則

● No.33　室内での塗装作業

状況

建物のリフォーム工事で、屋内の部屋の塗装を任されました。塗装する面積は狭く、作業者は手際も良いので、作業はすぐに終わりそうです。

ここが危ない！

危険をなくすためには？

ここが危ない！

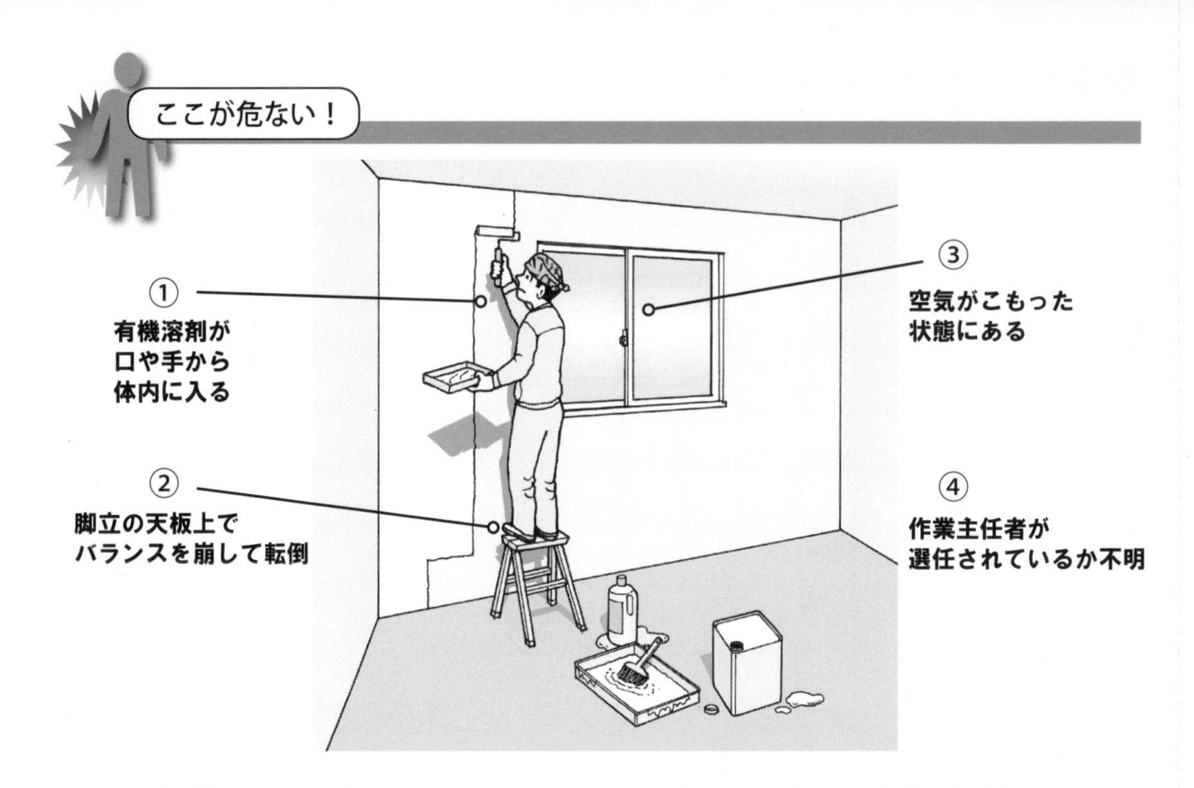

具体的にどうなる？	危険をなくすためには？
① マスクや手袋を着用していない。塗料に含まれている有機溶剤が揮発し、作業者がその蒸気を吸入して体内に取り込むと、有機溶剤中毒を起こす危険がある。	○防毒マスクを着用させる。 ○塗装剤に手が触れる場合には、ゴム製手袋を使用させて、皮膚から有機溶剤が取り込まれないように配慮しなければならない。
② 脚立に乗って壁面の塗装作業を行っているが、脚立の天板に乗って作業しているため不安定で転倒する危険がある。	○脚立を使用する場合は、安全上天板に乗って作業をしてはならない。天板に立つと何も体を支えるものが無くなり、バランスを崩して転倒や転落の原因になる。
③ 窓が閉じられた状態になっており、排気措置も設置されていない。	○窓があるので、まずは窓を開けて外気を取り込む。 ・窓からの外気の取り込みが不十分な場合は、局所排気装置を設置するか、送風機を設置して外気の取り込みを図らなければならない。
④ 職場には作業主任者の掲示がなく、有機溶剤作業主任者が選任されているかどうか分からない。安全衛生管理体制に問題のある可能性がある。	○有機溶剤作業主任者を選任し、その氏名は見やすいところに掲示する。有機溶剤作業主任者は有機溶剤の特性や毒性、正しい使用法についての知識と経験、ノウハウを有する有資格者である。 ・有機溶剤中毒などを起こさないようにするには、有機溶剤作業主任者のいうことは必ず聞くこと。 ○本例では有機溶剤の使用量が少ない場合などで適用除外になるケースもあるが①、②は順守すること。有機溶剤を使用しないか、極めて少量の有機溶剤を使った水性塗料の製品に切り替える必要がある。

＜関係法令＞
○安衛則 528 条（脚立）
○有機則

● No.34　開口部

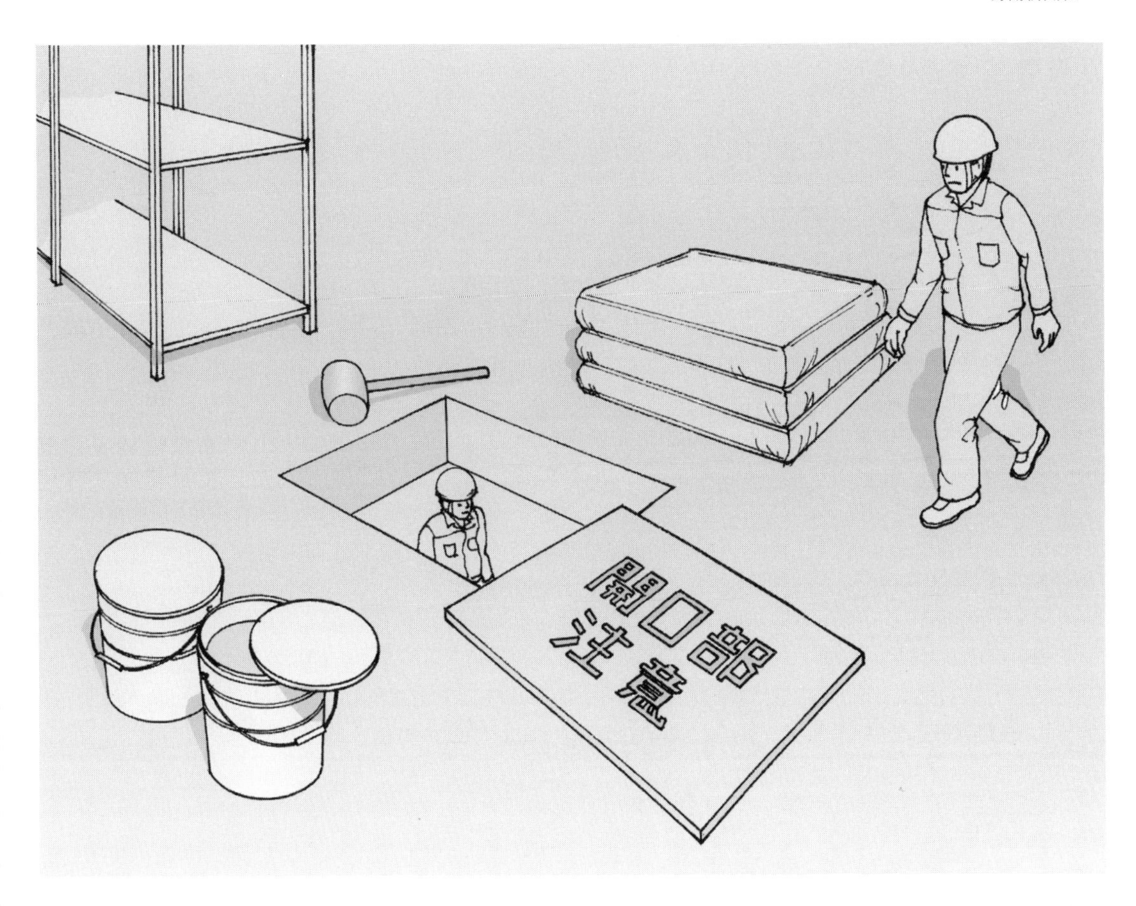

状況

建築中の建物内での作業です。中は薄暗く、作業場所の近くには照明がありません。開口部には周囲からの墜落を防ぐための蓋がしてありましたが、上下階でのやりとりのために外したままにしています。

ここが危ない！

危険をなくすためには？

ここが危ない！

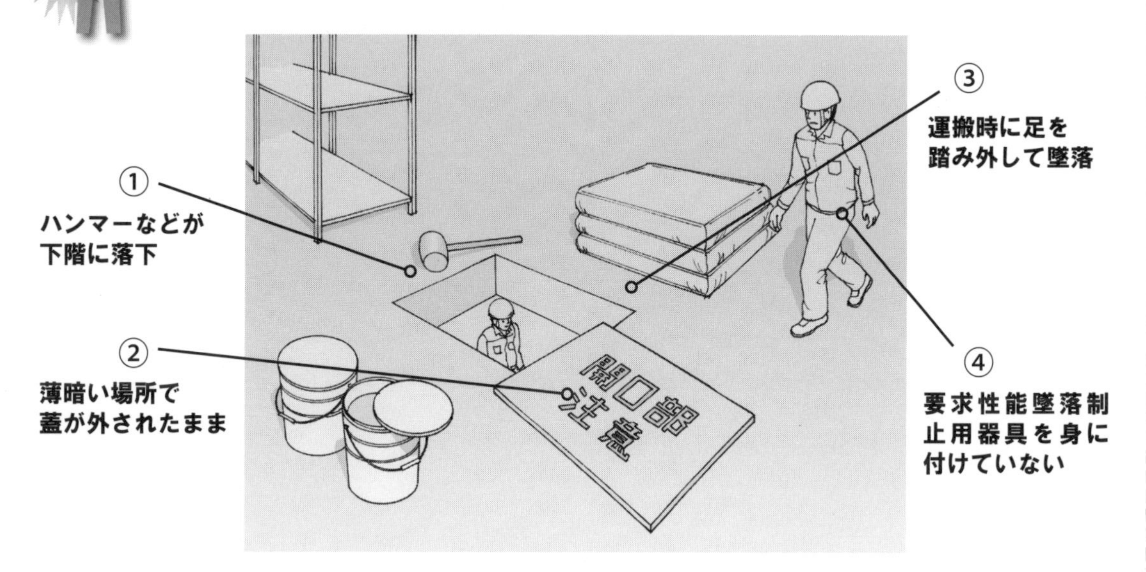

具体的にどうなる？	危険をなくすためには？
① 開口部の縁から落下したハンマー、部材や墜落した作業者が、下階の作業者に激突する。	○開口部周辺への親綱支柱・手摺・囲柵・落下物防止金網・ネットなどを設置する。 ・事業者は、事前に作業床開口部蓋の開放作業方法と墜落防止策などについてリスクアセスメント（RA）を実施し、施工計画書・「RA を取り入れた作業手順書」を作成して、作業者に周知・教育する。 ・事業者・作業者は、「RA を取り入れた危険予知活動（RAKYK）」などを実施したうえで、目標を指差呼称確認しながら作業を進める。
② 作業場所が薄暗いので、床の開口部の蓋が外され開放されたままになっていることに気付かない。歩いてきた作業者が、開口部から下の階に墜落してしまう。	○開口部の蓋に外れ止めを設置する。 ○開口部蓋への反射テープ貼付けにより、開口部蓋であることを注意表記する。
③ 作業者が材料を抱えて運搬しようとする時、足元が見えなくて、足を踏み外して開口部へ墜落する。	○作業場所への照明を確保する。
④ 作業者が要求性能墜落制止用器具を装着しておらず、要求性能墜落制止用器具取付け設備にフックを掛けることができない。	○墜落するおそれのある作業では、要求性能墜落制止用器具を装着させたうえで、要求性能墜落制止用器具取付け設備にフックを掛けて作業を行わせる。

＜関係法令＞ ○安衛則 519 条、520 条

No.35　交通誘導員

状況

建設現場での交通誘導業務です。バックしてくるトラックに集中していますが、道路側への注意はおろそかになっていませんか？

ここが危ない！

危険をなくすためには？

その他

ここが危ない！

	具体的にどうなる？	危険をなくすためには？
①	誘導員がトラックの死角に入って誘導していたため、トラック運転手が誘導員に気が付かず後進して誘導員に衝突し、打撲、骨折。	○後進するトラックなどを誘導する時は、運転手と連絡を密にして声をかける、笛を吹くなどして合図を確認できるようにする。 ・後進する車の運転手にとって、どの位置がミラーなどで後ろが見えない死角になるかを運転手、誘導員ともに作業前に確認し、誘導員は車の死角に入らないようにする。
②	誘導員が工事現場のトラックの誘導に集中するあまり道路に急にとび出してしまい、道路上を走行してきた車に衝突され、腰部を骨折する。	○誘導員は、道路に出てトラック、他の車を誘導する時は、前方不注意の車も来ることがあるので、急に飛び出したりせず、車を確認しながら誘導する。 ・一般道の車の運転手は、前方不注意により誘導員に気が付かないケースがあるため、目立つ作業服、ベスト、反射襷などを着用する。
③	トラックを後進誘導していたが、運転手、誘導員ともに溝のふたが外れているのに気が付かず、そのままトラックが後進。右後輪が溝にはまり、積み荷の土砂が崩れ落ち誘導員が埋もれてしまう。	○作業開始前に作業用車両の運行経路を確認し、通行の障害となるものがないか確認する。
④	日中の直射日光を浴びて誘導作業を実施したため、熱中症になる。	○熱中症対策として、1時間に1回の休憩時間をとる。 ○水分、ミネラルの補給をする。 ○通風、汗の発散のよい作業服を着用する。 ・二日酔い、睡眠不足などにならないよう体調管理を行うことなども大事。

<関係法令>

○平成25年5月28日・基発0528第2号『交通労働災害防止のためのガイドライン』

No.36　事務所の環境

状況

オフィスでの作業風景です。繁忙期で遅い時間まで残っている人が多く、疲れが顔に出ています。

ここが危ない！

危険をなくすためには？

ここが危ない！

① 時間外労働の常態化

② たばこの煙が流入して受動喫煙にさらされる

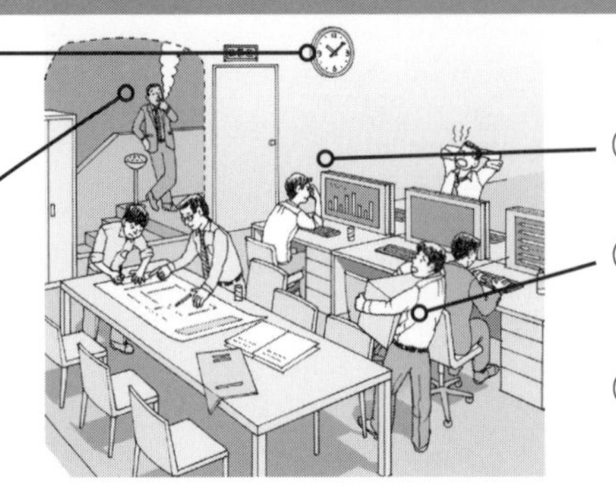

③ 長時間のディスプレイ作業で疲弊

④ 通路が狭く通りづらい

⑤ 換気が悪く空気がこもる

	具体的にどうなる？	危険をなくすためには？
①	遅い時間までオフィスに残っている。	○時間外労働に関しては労働基準法第36条に規定があり、サブロク協定といわれている。しかし、この協定は時間外・休日労働を無制限に認める趣旨ではなく、時間外・休日労働は本来臨時的なものとして必要最小限にとどめられるべきものである。
②	非常ドアの外に灰皿が置いてある。ドアを開けるとタバコの煙が事務所のほうへ流れ込む。	○本例の事務所では非常ドアの外で喫煙する決まりのようだが、タバコの煙が事務所内に逆流するため、受動喫煙防止対策になっていない。 ○健康増進法では不特定多数の人が利用する施設等の種類に応じて、敷地内禁煙や屋内禁煙にすること、また、喫煙場所の案内を掲示することなどが義務付けられ、違反者には罰則が科されることもある。 ○本例のような一般的な事務所ではタバコの煙が漏れ出ないような性能の喫煙室（出入口等の開口部をすべて開放した状態で風速0.2m/s以上で吸い込まれるような排気装置を設置する）を作り、そこでのみ喫煙を許可することができる。 ・喫煙室では執務、飲食は禁止される。 ・喫煙室に窓を設置することは可能であるが、稼働中（喫煙中）は閉鎖すること。
③	長時間のディスプレイ作業で、社員は疲れている様子。	○機器の多様化に伴い、作業者の心身に疲労感が増している。ディスプレイの照度は500Lx以下、机上の書面などの照度300Lx以上とする。 ○１日の連続VDT作業時間が短くなるように配慮し、１連続作業時間は１時間を超えないようにする。連続作業の間には10～15分の作業休止時間を設ける。VDT作業に関する定期健康診断を受けさせる。
④	ダンボール箱を運ぼうとしている人がいるが、通路が狭く通りづらそう。	○事務所の広さは１人あたり10m^{3}以上必要である。この基準を確保した上で配置を工夫すれば、十分な広さの通路はとれるはず。 ・通路面は、つまずき、すべり、踏み抜きなどの危険のない状態に保ち、高さ1.8m以内に障害物を置かない。整理・整頓を心がける。
⑤	室内は換気が悪く、温湿度、粉じんなどの環境に問題がありそう。	○換気は十分に行う。室内の気流は0.5m/s以下、室温17℃～28℃、相対湿度40%～70%が基準である。 ・空気の清浄度は、粉じん濃度0.15mg/m^{3}以下、一酸化炭素（CO）10ppm以下、二酸化炭素（CO_2）1000ppm以下、ホルムアルデヒド0.1mg/m^{3}以下に保ち、２カ月以内ごとに定期に作業環境測定を行う。

＜関係法令＞

○たばこの規制に関する世界保健機関枠組条約……わが国は締結国
○健康増進法25条
○事務所則……事務所の環境等
○令和元年７月１日・基発0701第１号『職場における受動喫煙防止のためのガイドライン』

監修者一覧

労働衛生コンサルタント　岡村勝郎
労働安全衛生コンサルタント　鬼木裕之進
労働安全コンサルタント　中島正才
労働安全衛生コンサルタント　林　正泰
労働安全コンサルタント　山本　孝
労働衛生コンサルタント　山室栄三

一般社団法人
日本労働安全衛生コンサルタント会　東京支部
〒108-0014　東京都港区芝４－４－５　三田労働基準協会ビル４階

みんなでチェック！
危険な建設現場のイラスト事例集

2020年　2月28日　初版
2023年　9月26日　初版第５刷

著　　者　株式会社労働新聞社

発行所　株式会社労働新聞社
〒173-0022　東京都板橋区仲町29-9
TEL：03-5926-6888（出版）　03-3956-3151（代表）
FAX：03-5926-3180（出版）　03-3956-1611（代表）
https://www.rodo.co.jp　　pub@rodo.co.jp
イラスト　吉川 泰生
表　　紙　オムロプリント株式会社
印　　刷　株式会社ビーワイエス

ISBN 978-4-89761-795-4